城市综合管廊建设与管理系列指南

城市综合管廊智能化应用指南

丛书主编　胥　东

本书主编　胥　东

中国建筑工业出版社

图书在版编目（CIP）数据

城市综合管廊智能化应用指南 / 胥东本书主编.—北京：
中国建筑工业出版社，2017.12
（城市综合管廊建设与管理系列指南 / 胥东丛书主编）
ISBN 978–7–112–21501–0

Ⅰ.①城…　Ⅱ.①胥…　Ⅲ.①市政工程 — 地下管道 —
智能设计 — 指南　Ⅳ.① TU990.3-62

中国版本图书馆CIP数据核字（2017）第275169号

综合管廊是根据规划要求将多种市政公用管线集中敷设在一个地下市政公用隧道空间内的现代化、集约化的城市公用基础设施。

本套指南共 6 册，分别为《城市综合管廊工程设计指南》、《城市综合管廊工程施工技术指南》、《城市综合管廊运行与维护指南》、《装配式综合管廊工程应用指南》、《城市综合管廊智能化应用指南》和《城市综合管廊经营管理指南》，本套指南的发行对规范我国综合管廊投资建设、运行维护、智能化应用及经营管理等行为，提升规划建设管理水平，高起点、高标准地推进综合管廊的规划、设计、施工、经营等一系列的建设工作和管廊全生命周期管理，具有非常重要的引导和支撑保障作用。

责任编辑：赵晓菲　朱晓瑜
版式设计：京点制版
责任校对：焦　乐　李美娜

城市综合管廊建设与管理系列指南
城市综合管廊智能化应用指南
丛书主编　胥　东
本书主编　胥　东
*
中国建筑工业出版社出版、发行（北京海淀三里河路9号）
各地新华书店、建筑书店经销
北京京点图文设计有限公司制版
北京建筑工业印刷厂印刷
*
开本：787×1092毫米　1/16　印张：9½　字数：170千字
2017年12月第一版　2017年12月第一次印刷
定价：40.00元
ISBN 978-7-112-21501-0
　　　（30927）

指南（系列）编委会

主　任：胥　东

副主任：沈　勇　金兴平　莫海岗　宋　伟　钱　晖

委　员：张国剑　宋晓平　方建华　林凡科　胡益平

　　　　刘敬亮　闻军能　曹献稳　林金桃

本指南编写组

主　编：胥　东

副主编：夏　静　应信群　罗　维

丛书前言

城市综合管廊是根据规划要求将多种市政公用管线集中敷设在一个地下市政公用隧道空间内的现代化、集约化的城市公用基础设施。城市综合管廊建设是 21 世纪城市现代化建设的热点和衡量城市建设现代化水平的标志之一，其作为城市地下空间的重要组成部分，已经引起了党和国家的高度重视。近几年，国家及地方相继出台了支持城市综合管廊建设的政策法规，并先后设立了 25 个国家级城市管廊试点，对推动综合管廊建设有重要的积极作用。

城市综合管廊作为重要民生工程，可以将通信、电力、排水等各种管线集中敷设，将传统的"平面错开式布置"转变为"立体集中式布置"，大大增加地下空间利用效率，做到与地下空间的有机结合。城市综合管廊不仅可以逐步消除"马路拉链"、"空中蜘蛛网"等问题，用好地下空间资源，提高城市综合承载能力，满足民生之需，而且可以带动有效投资、增加公共产品供给，提升新型城镇化发展质量，打造经济发展新动力。

本套指南共 6 册，分别为《城市综合管廊工程设计指南》、《城市综合管廊工程施工技术指南》、《城市综合管廊运行与维护指南》、《装配式综合管廊工程应用指南》、《城市综合管廊智能化应用指南》和《城市综合管廊经营管理指南》，本套指南的发行对规范我国综合管廊投资建设、运行维护、智能化应用及经营管理等行为，提升规划建设管理水平，高起点、高标准地推进综合管廊的规划、设计、施工、经营等一系列的建设工作和管廊全生命周期管理，具有非常重要的引导和支撑保障作用。

本套指南在编写过程中，虽然经过反复推敲、深入研究，但内容在专业上仍不够全面，难免有疏漏之处，恳请广大读者提出宝贵意见。

本书前言

本指南旨在加强智能化技术手段在城市综合管廊的规划、设计、建设和运营管理等过程中的应用，实现综合管廊的全面感知、智能监测、灾害预警、仿真模拟等智慧化管理，提高综合管廊服务质量和运营效率。同时为促进资源共享和信息互通，推进信息系统、数字化管理系统、智慧城市深度融合奠定了基础。

本指南适用于城市综合管廊的智能化应用。

本指南主要内容为综合管廊智能化技术基础、总体设计、建设内容、功能应用和展望。

城市综合管廊的智能化应用除可参照本指南外，尚应符合国家现行相关的标准规定。

本指南由杭州市城市建设发展集团有限公司胥东主编，杭州市市政设施监管中心夏静和浙江文华建设项目管理有限公司应信群、杭州天恒建设管理有限公司罗维副主编。本指南在编写过程中，参考了相关作者的著作，在此特向他们一并表示谢意。

本指南中难免有疏漏和不足之处，敬请专家和读者批评、指正。

目 录

第1章 概述

1.1 综合管廊智能化的定义

我国城镇化正处于快速发展的关键时期，城市基础设施建设还比较薄弱，表现为路面频挖、管线事故时有发生等问题，因此，改变现有管线的建设管理方式迫在眉睫。从发达国家的成功经验来看，解决好城市的各类管线问题，最科学的途径是建设城市综合管廊。

城市综合管廊（图1-1）是保障城市运行的"生命线"，将布设在地面、地下或架空的电力、通信、燃气、给水排水、热力等市政公用管线集中敷设在同一地下建造的隧道空间内，并留有供检修人员行走的通道，设有专门的检修井、吊装口和监测系统，制定有针对性的管廊管理办法，实施统一的规划、设计、建设和管理，改变了以往各种管线各自建设、各自管理的混乱局面。通过综合管廊建设，解决反复开挖路面、架空线网密集、管线事故频发等问题，保障城市安全、完善城市功能、美化城市景观、促进城市集约高效和转型发展。

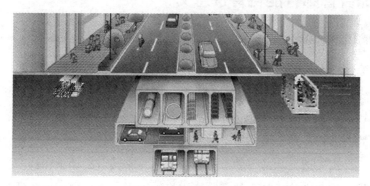

图1-1 城市综合管廊

城市综合管廊的规划、设计、施工和运行维护管理等过程，离不开智能化技术手段的支撑。综合管廊智能化系统是利用计算机信息技术、网络通信技术、自动化控制技术、遥感技术、地理信息技术、大数据分析技术对管廊廊体、管廊管线、管廊附属设施（消防系统、通风系统、排水系统、供配电系统、照明系统、综合监控系统、标识系统）进行实时监控、故障报警、统计分析，对管廊运营进行扁平化管理，实现管廊运营管理的数字化、智能化。通过资源共享和信息互通，实现管廊中各子系统的联动和快速反应，提高管廊运营管理的服务质量和效率。

综合管廊内外设置现代化智能化监控管理系统，采用以智能化固定监测与移动监测相结合为主、人工定期现场巡视为辅的多种高科技手段，形成新型的城市综合管廊智能化运行管理系统，确保管廊内全方位监测、运行信息反馈不间断和低成本、高效率维护管理效果。

城市管廊智慧管理内涵是通过互联网，把植入管网设施的智能传感器连接起来形成物联网，实现物理管网的全面感知；利用云计算技术对感知信息进行智能处理和分析，实现网上"数字管网"与物联网的融合以及管网智能响应与决策支持。

目前，国内在城市综合管廊智能化建设方面还需进一步提升。而且，现有的工作热点主要集中在数字化层面，实现管廊信息数字化表达和管理，只是智能化最基本的层次，还需要融入物联网技术、云计算等先进的技术手段，进行集成化、智慧化层面提升，实现综合管廊的全面感知、智能监测、灾害预警、仿真模拟等智慧化管理。

1.2 综合管廊智能化背景意义

1.2.1 城市发展有需求

城市综合管廊是城市建设现代化、科技化、集约化的重要标志之一，也是城市公用管线建设综合化、廊道化的发展新趋势。无论是就当前的经济利益还是长远的社会效益，建设综合管廊的意义都显而易见。

未来的城市将是地上城和地下城所构成的一个"高效率"的整体，那么，综合管廊将成为沟通地上和地下的重要纽带，是一座城市的动脉和神经，是城市空间开发利用达到一定阶段的必然产物，它将给城市带来从内到外的活力。而地下管线建设规模不足、管理水平不高等问题亦日益凸显。一些城市相继发生大雨内涝、管线泄漏爆炸、路面塌陷、设施被盗等事件，严重影响了人民群众生命财产安全和城市运行秩序。

城市地下综合管廊建设实现了包括供水、排水、燃气、热力、电力、通信、广播电视、工业等多个城市重要管线的有序入廊，解决了以往多政府部门、多辖区、多使用单位的管理混乱难处，也最大程度改善了城市内涝、"马路拉链"式工程和地下空间资源利用率低等问题。

在城市综合管廊的建设发展中，智能化系统建设已经越来越引起世界各国的关注。这主要是因为智能化系统在综合管廊的运行管理过程中发挥着越来越重要的作用。

城市综合管廊建设的正常运行，需要智能化的管理手段，利用智能设备管控系统，通过传感器对周遭环境温度湿度、风机状态、水位等进行实时检测、分析数据，如检测值超过设定值则自动发出预警信息，实现对地下综合管廊内环境的智能化管理。工作人员可直接通过智能设备管控系统对管廊内设备状态进行操作，并且可以根据监测数据的采集记录，分析设备使用情况，从而制定相应的设备运行方案，进行有效的管理并节约能源。

1.2.2　国家政策有引导

我国的综合管廊建设、综合管廊信息化建设起步晚，但是发展迅速。政府对综合管廊建设也十分重视，尤其近几年陆续出台了大量的政策和规范，为城市综合管廊的建设及信息化建设提供了指导意见。

1997 年 12 月 1 日，建设部颁布的《城市地下空间的开发利用管理规定》（中华人民共和国建设部令第 58 号），将地下管线综合管廊的建设和规划纳入了法制化的轨道。

2014 年 6 月 14 日，《国务院办公厅关于加强城市地下管线建设管理的指导意见》（国办发〔2014〕27 号）指出，各城市要在普查的基础上，建立地下管线综合管理信息系统，满足城市规划、建设、运行和应急等工作需要。综合管理信息系统和专业管线信息系统应按照统一的数据标准，实现信息的即时交换、共建共享、动态更新。推进综合管理信息系统与数字化城市管理系统、智慧城市融合。

2015 年 8 月 10 号，《国务院办公厅关于推进城市地下综合管廊建设的指导意见》（国办发〔2015〕61 号）（以下简称《意见》）对城市管廊建设做了统筹规划。《意见》指出，地下综合管廊应配套建设消防、供电、照明、通风、给水排水、视频、标识、安全与报警、智能管理等附属设施，提高智能化监控管理水平，确保管廊安全运行。明确了管廊配套系统应具有智能化管理水平，满足运营维护需要。而在《城市综合管廊工程技术规范》GB 50838—2015 中，则具体框定了该类系统的建设要求。

2015 年，继国务院办公厅发布《关于推进城市地下综合管廊建设的指导意见》、国家制定《城市综合管廊工程技术规范》GB 50838—2015 和印发《城市地下综合管廊工程规划编制指引》后，各大试点城市及其他各省市相继出台了"综合管廊规划建设管理办法"等政策文件。

自 2015 年全国开展管廊建设试点以来，共计有厦门、包头、沈阳、哈尔滨、苏州、长沙、南宁等二十多个城市开工建设了管廊。

按照《城市综合管廊工程技术规范》GB 50838—2015 的规定，管廊监控与报警系统宜分为环境与设备监控系统、安全防范系统、通信系统、预警与报警系统、地理信息系统和统一管理信息平台等。而各类系统的建设离不开管廊本体及周边环境的基础数据信息。

2016 年在第十二届全国人民代表大会第四次会议上，李克强总理的政府工作报告中指出，2016 年将开工建设城市地下综合管廊 2000km 以上。自此，城市管廊建设从过去的探索阶段正式步入政府调控、多方融资、统一规划和总体运营的平稳发展道路上来。

1.2.3 发展智能管廊是方向

目前，对综合管廊的研究主要集中在开发利用的规划、设计和施工阶段，而对管廊后期的运营管理，特别是以电气控制技术为手段的运营管理方面的研究较少。因此，利用电气控制技术、网络技术、计算机技术、传感器技术等建立一套适合管廊运营管理的智能化系统，通过资源共享和信息互通，实现管廊中各子系统的联动和快速反应，对于提高管廊运营管理的服务质量和效率具有十分重要的意义。在综合管廊中布设视频和防入侵监控、泄漏监测、环境监测等物联网设备，能有效提升综合管廊管线安全水平和应急管理能力。

城市综合管廊不仅解决了多线路的重复开挖的混乱和浪费，也让管线得到很好的保护，维护也变得简单易行，减少了维修费用，做到了一次投入、长久受益的可持续化、智慧化的城市发展成果。城市综合管廊及智能化的建设，作为创新城市基础设施建设，不仅可以提高城市综合承载能力、带动有效投资，而且可以增加公共产品供给、提高城市安全水平，其随着我国城镇化建设的快速发展，必将得到更好及更大规模的发展。

1.3　综合管廊智能化案例

欧、美洲国家"综合管廊"已有 170 余年发展历史。早在 19 世纪,法国、英国、德国等就开始兴建城市综合管廊。到 20 世纪,美国、西班牙、俄罗斯、日本、匈牙利等国也开始兴建城市综合管廊。根据资料介绍,我国第一条综合管廊设置在天安门广场,1958 年在天安门广场敷设了 1076m 综合管廊。除北京以外,上海、广州、武汉、济南、沈阳等城市近年来积极开展试点建设,技术日渐成熟,规模逐渐增长。通过建设智能化城市综合管廊,实现城市基础设施现代化,合理开发利用城市地下空间。

根据财政部、住房和城乡建设部《关于开展中央财政支持地下综合管廊试点工作的通知》(财建〔2014〕839 号)和《关于组织申报 2015 年地下综合管廊试点城市的通知》(财办建〔2015〕1 号),财政部、住房和城乡建设部公布 10 个城市进入 2015 年地下综合管廊试点范围:包头、沈阳、哈尔滨、苏州、厦门、十堰、长沙、海口、六盘水、白银。国内综合管廊建设案例见图 1-2。

青岛高新区地下综合管廊　　　北京昌平未来科技城地下综合管廊

上海张杨路地下综合管廊　　　厦门集美新城地下综合管廊　　　深圳光明新区地下综合管廊

图 1-2　国内综合管廊建设案例

1.3.1　巴黎

城市综合管廊最早见于法国,1833 年为了改善城市的环境,巴黎就系统地在城市道路下建设了规模宏大的下水道网络,同时开始兴建城市综合管廊,最大断面达到宽约 6.0m,高约 5.0m,容纳给水管道、通信管道、压缩空气管道及交通通信电缆等公用设施,形成世界上最早的城市综合管廊。

　　作为一个有 1200 万人口的大都市，巴黎拥有一个大约 1300 名维护人员的高效运转的地下管网系统。这个始建于 19 世纪的以排放雨水和污水为主的重力流管线系统，因其系统设计巧妙而被誉为现代下水道系统的鼻祖。巴黎的下水道总长为 2484km，拥有约 3 万个井盖、6000 多个地下蓄水池，每天有超过 1.5 万 m^3 的城市污水通过这个庞大的系统排出城市。而且还通过在管网内部铺设供水管、煤气管、通信电缆、光缆等管线，进一步提高了管网的利用效能。

　　设计师在设计之初就在管廊里同时修建了两条相互分离的水道，分别集纳雨水和城市污水，使得这个管廊从一开始就拥有排污和泄洪两个用途。如今，这些管廊已经不仅是下水道，巴黎人的饮用水系统、日常清洗街道及城市灌溉系统、调节建筑温度的冰水系统以及通信管线也从这里通向千家万户，综合管廊的建设大大减少了施工挖开马路的次数。而电网、煤气管道、供暖系统出于安全考虑并未并入下水道管廊系统中。

　　这些巨大的管廊为巴黎防洪提供了管道。据了解，雨水管道在最初的时候就把远离塞纳河的地区设计得更高一些，靠近塞纳河的地区位置低，利用地形优势向塞纳河方向排水泄洪。为此，巴黎市下水道中设计了一些紧急泄洪闸门，一旦巴黎发生大暴雨，安全阀门将打开，保证雨水直接顺利排入塞纳河。而如果遇到塞纳河涨水，管理人员会关闭下水道系统与塞纳河的连接口，以防止河水倒灌入城。巴黎市北部还设有一个 16.5 万 m^3 的泄洪池，以应不时之需。自 1910 年以来，巴黎几乎再没有出现过因暴雨造成城市内涝的情况。

　　这样的一套系统需要专人专业维护，巴黎下水道管廊管理的首要目的是保证排水通畅。据工作人员介绍，每年有 $6000m^3$ 的淤泥会沉积在巴黎市的下水道中，排污主要依靠一套水压物理系统，如果泥沙淤积过多，原本紧闭的球形阀门会被打开，另外一侧的水会猛烈冲击淤泥，卷走沉积物，达到清理效果。

　　如今，下水道管理部门也建立了一套数字化系统，利用信息工具监控各管道情况，收集反馈数据，以改善下水道管廊系统服务。下雨时，安装在主要下水管道中的传感器会持续检测水位。如果水位过高，过剩的水流就会通过水泵分流到水位较低的管道中去。如果所有管道的水位都过高，过剩的水流就会汇集到分布在城区的大型地下蓄水池。水退以后，积蓄的水会再排放到下水管道中。一旦整个系统过载，安全系统将立即发挥作用直达塞纳河的排水管道在水流的作用下会自动开启安全门，让过剩的水流直接排往塞纳河。

　　巴黎这个"古董级"的下水道系统也遇到了自己的问题。由于修建年代久远，下水道系统面临地面沉降、污水腐蚀等问题，一些管廊出现了裂缝。目前对下水道进行现代化改造成了巴黎市政府的新任务（图 1-3）。

图 1-3　巴黎综合管廊

1.3.2　日本

日本综合管廊的建设始于 1926 年，为便于推广，他们把综合管廊的名字形象地称之为"共同沟"。东京关东大地震后，为东京都复兴计划鉴于地震灾害原因仍以试验方式设置了三处共同沟：九段阪综合管廊，位于人行道下净宽 3m 高 2m、干管长度 270m 的钢筋混凝土箱涵构造；滨町金座街综合管廊，设于人行道下为电缆沟，只收容缆线类；东京后火车站至昭和街之综合管廊亦设于人行道下，净宽约 3.3m，高约 2.1m，收容电力、电信、自来水及瓦斯等管线，后停滞了相当一段时间。一直到 1955 年，由于汽车交通快速发展，积极新辟道路，埋设各类管线，为避免经常挖掘道路影响交通，于 1959 年又再度于东京都淀桥旧净水厂及新宿西口设置共同沟。

1962 年政府宣布禁止挖掘道路，并于 1963 年 4 月颁布共同沟特别措置法，订定建设经费的分摊办法，拟定长期的发展计划，自公布综合管廊专法后，首先在尼崎地区建设综合管廊 889m，同时在全国各大都市拟定五年期的综合管廊连续建设计划，在 1993 ~ 1997 年为日本综合管廊的建设高峰期，至 1997 年已完成干管 446km，较著名的有东京银座、青山、麻布、幕张副都心、横滨 M21、多摩新市镇（设置垃圾输送管）等地下综合管廊。其他各大城市，如大阪、京都、各古屋、冈山市等均大量地投入综合管廊的建设，至 2001 年日本全国已兴建超过 600km 的综合管廊，在亚洲地区名列第一。迄今为止，日本是世界上综合管廊建设速度最快、规划最完整、法规最完善、技术最先进的国家。

日本在共同沟建设中，其建设资金由道路管理者与管线单位共同承担（但与中国台湾地区不同的是，日本对两者承担的比例没有明确的法律规定）。其中道路如果为国道，则道路管理者为中央政府，共同沟的建设费用由中央政府承担一部分；当道路为地方道路时，地方政府承担部分的共同沟建设费用，同时地方政府可申请中央政府的无息贷款用作共同沟的建设费用。但后期运营管理中，仍采取道路管理者与各管线单位共同维护管理的模式。共同沟本体的日常维护由道路管理者（或道路管理者与各管线单位组成的联合体）负责,而共同沟内各种管线的维护，则由各管线单位自行负责。其维护管理则由道路管理者与各管线单位共同承担。

日本综合管廊发展成功的经验归纳起来主要在于：①日本立法先行，明确规定了对于建设有公共管廊的道路禁止开挖，并且地下空间及综合管廊的产权归属明确；②抓住了建设公共管廊的最好时机，因为综合管廊项目如果和地铁项目综合开发就会降低成本，更加突出综合管廊的优势，而日本政府就是把综合管廊项目与地铁结合在一起开发；③日本对于公共管廊的设计规划、管廊内管线的敷设方法及管廊内收容管线的种类都有相关的规定；④日本政府对于综合管廊的建设费用及后期运营过程中产生的费用的承担主体都有比较明确的规定。

1.3.3 北京

2012 年，北京的首个智能城市综合管廊启用，电力、供暖、电信等 5 类管线并于一廊，智能化监控实现地下维修。这条综合管廊位于未来科技城主干道——昌平区鲁疃西路的地下，全长 3.9km。考虑到未来科技城的远期发展，城市综合管廊为压力污水、直饮水和生活热水分别预留了管道位置，将来管廊收纳的管线将达到 8 类 10 种。事先预留空间，就不用再为临时增加管线而将马路"开膛破肚"。

昌平未来科技城综合管廊智能监控系统 24 小时运行，遇到突发情况，除了报警，还会自动采取应急措施。例如管舱内一氧化碳、甲烷浓度过高，系统会自动打开通风系统；水管破裂，达到一定积水深度，系统就会自动启动排水泵；如果有人强拆井盖，系统会将实时画面和具体位置传输到监控中心。

工人在对管廊进行维修时，智能监控系统会对廊道内的温度、有害气体浓度变化进行实时监测，一旦发现异常，立即引导工作人员从就近的通风口撤离。昌平未来科技城综合管廊及智能监控系统的建成，标志着该市正在向信息化的城市管理迈进。

2017 年，北京世园会地下综合管廊工程开建，该综合管廊总长度 3.34km，安排热力、燃气、给水、再生水、电力、电信等入廊，沿园区南路等 6 条主要道路设置，包括 1 条主管廊、5 条支管廊，并与周边的地下管线连通配套。

作为延庆区首个地下综合管廊工程，北京世园会综合管廊工程，把智慧化管理引入其中。凭借云计算、大数据分析等技术，搭建集状态监测、故障报警、快速响应、辅助策略生成于一体的智慧化运维管理系统平台，实现数据显示三维化、资产管理信息化、应急响应智能化、运维管理智慧化。

1.3.4　上海

1994 年，上海浦东新区张杨路人行道下建造了两条宽 5.9m，高 2.6m，双孔各长 5.6km，共 11.2km 的支管综合管廊，收容煤气、通信、上水、电力等管线，它是我国第一条较具规模并已投入运营的综合管廊。2006 年底，上海的嘉定安亭新镇地区也建成了全长 7.5km 的地下管线综合管廊，另外在松江新区也有一条长 1km，集所有管线于一体的地下管线综合管廊。此外，为推动上海世博园区的新型市政基础设施建设，避免道路开挖带来的污染，提高管线运行使用的绝对安全，创造和谐美丽的园区环境，政府管理部门在园区内规划建设管线综合管廊，该管廊是目前国内系统最完整、技术最先进、法规最完备、职能定位最明确的一条综合管廊，以城市道路下部空间综合利用为核心，围绕城市市政公用管线布局，对世博园区综合管沟进行了合理布局和优化配置，构筑服务整个世博园区的骨架化综合管沟系统。

作为上海综合管廊首批 3 个示范项目之一的临港北岛西路综合管廊项目，不但能治好"马路拉链"等城市痼疾，还将通过"智能轨道机器人"的使用，使项目成为上海首个实现"智慧巡检"的管廊。

据规划，临港新城将建设干线综合管廊 80km，其中位于临港新城主城区的北岛西路综合管廊工程成为率先建设的示范项目。北岛西路综合管廊工程全长约 973m，主要管线包括电力管线、信息管线、给水管线、燃气管线、排水管线以及垃圾、中水管线（预留）。

临港综合管廊拥有高度集约化和运维智能化两大特点，长达数公里的管廊不但收纳了除雨水外的所有市政管线，还将采用巡检机器人、高精度探测仪等数字化设备提升后期运维效能。

临港北岛西路综合管廊集中收纳了电力、信息、给水、燃气、排水等各类城市"生命管线"，统一规划、统一排布、统一管理，有效解决了马路"拉拉链"的问题。

管廊采用"无人巡检技术"，自动检测各种管道运作状况。管廊顶部设有"轨道巡检机器人"，搭载多种精密传感器，可以第一时间发现险情。为燃气管道量身定制的燃气舱室，将减轻工程施工及地质灾害对燃气管道的破坏，管廊内安装燃气浓度探测仪，利用物联网技术监测燃气管道的泄漏、破损等情况。

通过有效利用地下空间，综合管廊平均能够为城市节省约 60% 的维护成本，平均每百公里管线仅需要不到 10 名技术人员进行保养。未来，综合管廊＋数字化管理＋物联网技术，更将帮助运维人员实现工作效率最大化。

1.3.5 深圳

深圳市不断加大对城市综合管网建设的总体把控，2016 年 1 月 27 日，深圳成立地下综合管廊建设领导小组。同年 9 月 8 日，印发《深圳市地下综合管廊建设"十三五"实施方案》，积极有序推动地下管廊建设，"十三五"期间深圳市计划开工管廊建设 270km，坚持统一入廊原则，凡是管线，包括天然气、污水管线必须全部入廊。深圳市排水运营单位还引进非开挖地下管线施工技术，避开传统"城市拉链"式地下管线施工给市民生活带来的诸多不便。

综合管廊也称"共同沟"，事实上，"光明共同沟"并不是深圳最早实施的地下综合管廊工程，早在 2004 年，大梅沙至盐田坳共同沟隧道工程就已建成，长度超过 2600m，隧道内集纳了给水排水管、电信电缆、隧道照明、消防、监控设备等设施，这是深圳在共同沟建设上的一次探索。接着，光明新区和前海相继铺设综合管廊。2015 年 7 月，《深圳市前海深港现代服务业合作区共同沟管理暂行办法》（简称《办法》）实施，根据该《办法》，前海将规划建设的共同沟总长度设为 8.15km，主要沿双界河路、航海路、东滨路和兴海大道设置成"E"字形，相当于前海每平方公里拥有约 544m 长的共同沟（图 1-4、图 1-5）。

共同沟建设颠覆了已有的地下管线产权单位的建设运营和管理模式。地下管线涉及的部门众多，职能上相互交叉，各部门往往各行其是，导致建设与管理脱节。为此，必须打破"谁拥有、谁管理"的各自为政的管理体制。

深圳市在前海共同沟的建设管理上很好地解决了这一问题。根据《深圳市前海深港现代服务业合作区共同沟管理暂行办法》，前海共同沟由前海管理局投资，按照统一建设、有偿使用、收益分摊、安全运营、节能环保的原则建设施工。此外，作为共同沟管理的主管部门，前海管理局承担监管共同沟的建设、维护和使用、监督共同沟维护管理资金支出以及考核维护管理共同沟单位的工作绩效等职责，实现了统一规划、统一建设、统一管理，结束了传统的多家报批、多头建设模式，建立起共同处理事务的协调机制。《办法》还规定，在工程竣工后 3 个月内，将共同沟信息数据报规划国土部门备案并纳入全市地下管线综合信息管理系统。

图 1-4　前海东滨路综合管廊

图 1-5　光侨路综合管廊

据报道，"十三五"期间，深圳市管廊建设将通过一个规划——《全市管廊专项规划》，储备项目，指导建设；一部法律——《深圳市地下综合管廊管理办法》，规范行为，建立机制；以及一项规程——《深圳市地下综合管廊技术规程》，建立建设标准，明确技术要求。

1.3.6 连云港

作为国家东中西区域合作示范区先导区——徐圩新区，位于江苏省连云港市城区东南部，总规划面积467km²，其中，海岸线长34.9km。徐圩新区依托陆桥经济带，面向东北亚，融入长三角，与日本、韩国隔海相望，是"一带一路"沿线地区最便捷的出海通道。

围绕"生态、智能、融合、示范"的方针政策，徐圩新区积极开展地下综合管廊建设，对全国具有示范带动作用。徐圩新区综合管廊智能化平台项目不仅使用了物联网网关技术，提高和优化了物联网设备数据传输效率和数据安全，而且通过对管廊的三维精细建模，将物联网设备同管廊三维模型相融合，更能直观地掌握管廊整个的运营状态和微观细节，实现了主动监测、主动分析、主动预警、辅助决策等的智能化应用，形成了人与物、物与物相关联，建成了信息化、远程管理控制和智能化的网络。

1.3.7 长沙

长沙市地下综合管廊试点项目总长度为61.4km，由21个管廊、4个控制中心组成，分布在高铁新城片区、湘江新区梅溪湖片区和高新片区，在建成投入使用后，将极大方便市民的生活。2017年，长沙地下综合管廊首条示范段建成，完成的地下管廊总长1.46km，共分为三格，中间为综合舱，左右则分别为污水舱和燃气舱，综合舱净高2.5m，净宽2.8m，将供水、电力、通信等管线全部纳入舱内。

地下综合管廊配备四项智能管理系统，可视化管理3D数据可精准排除隐患，有效预防管廊内的人员以及设施出现事故。在高塘坪路地下综合管廊内，已采用智能机器人进行巡检，在机器人上装备有一台红外摄像机以及可视摄像机，不仅能够将实施数据传输到总控中心，同时还能够提供3D数据，在众多管线中，准确地找到故障管线（图1-6）。

在管廊内配备的环境和设施监控系统，连接管廊内排风以及灭火装置，在发生泄漏以及火情后，将第一时间开启通风以及灭火装置进行紧急处理，为检修人员提供安全保障（图1-7）。

同时，综合管廊控制中心可以对管廊实现24小时全方位智能巡检，出现故障和险情后，立即反映到所属部门进行处理，与人工巡检相比较，效率大大提高。

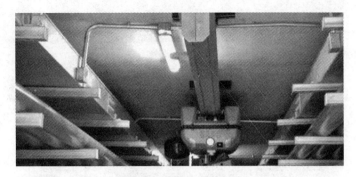

图 1-6 机器人自动巡检

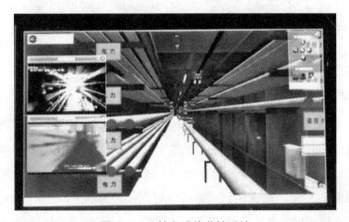

图 1-7 环境和设施监控系统

1.3.8 珠海

中国珠海横琴综合管廊建设项目荣获中国人居环境范例奖。工程总长33.4km，其长度是上海世博园区地下管沟的5倍。综合管廊最窄处也有3m宽、3m高，容纳了电力、通信、给水、中水、供冷、供热及垃圾真空系统等7种市政管线。内设通风、排水、消防、监控等系统，由控制中心集中控制，实现全智能化运行。

管廊智能化建设分为两大块：第一块是管廊内部各种智能化设施及系统，包括管廊监控系统、管线监测系统、消防系统等，这些系统用来监测管廊内各种数据；第二块是集成各智能化系统的综合管廊运维管理平台，在这个平台上，各子系统可互动互联，其功能、业务、信令、界面集于一平台展示，实现了对管廊运维的"事前智能感知、事中精确处置、事后完成取证"。综合管廊智能化建设部分构成如图1-8所示。

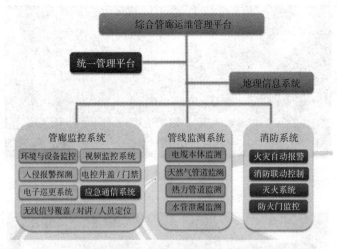

图 1-8　综合管廊智能化建设构成

1.3.9　西宁

2016 年，西宁市按照国务院和省政府关于加强综合管廊建设的要求和部署，正式启动西宁市地下综合管廊建设。西宁市综合管廊工程规划范围涉及全市域，规划面积 7649km²，包括西宁市中心城区、多巴新城、甘河工业园区，湟中县、大通县和湟源县城区。管廊规划遵循统一规划，统筹推进；一次规划，分批分期实施；新区成片成网；老区结合道路拓宽改造，旧城改造、地铁轨道建设实施；优先实施主线的原则。中心城区主线为大十字形骨干网络。

根据规划，西宁市全市域主线综合管廊总长度约 227km，支线综合管廊总长度约 312km，缆线综合管廊总长度约 85km，合计总长度 624km。分为 2015 年，2016～2020 年，2021～2030 年三个阶段建设实施。

综合管廊规划容纳电力、通信、给水、再生水、热力、燃气、污水、雨水等8 类管线，其中通信管线包含电信、移动、联通、广电等 4 类管线，实现所有市政管线全部全面入廊，部分管廊内配备工程检修车。在此骨干网络基础上按片区布置片区区域主线，然后再根据道路及管线规划情况布置支线，形成完善全面的综合管廊系统。中心城区设置 1 座总监控中心和 5 座分监控中心。

雨污水创新性采用组合箱涵形式入廊，燃气采用两种形式入廊，集约化设计充分利用地下空间。西宁市综合管廊秉承"集约、智慧、生态"的理念，具体运用现代信息技术、新型工艺、物联网技术及海绵城市理念，把西宁市综合管廊建设成集约的管廊、智慧的管廊、生态的管廊。

率先采用遥感、地理信息系统、全球定位系统的 3S 和建筑三维信息模型 BIM 一体化融合技术，实现地下综合管廊和城市地下空间的精细化设计，并贯穿规划、设计、施工和运营全过程。利用三维 GIS 技术，构建精确的现状地下管线和地下空间数据模型。再利用 BIM 技术进行综合管廊的智能化设计。经过现状数据模型和地下综合管廊 BIM 模型融合和优化后，形成基于 GIS+BIM 的地下管廊工程信息平台。

同时采用大数据分析和管理技术，通过整合高清视频、流量、压力、有毒气体等物联网实时监测数据，优化应急处置方案，实现综合管廊在动态监测、预警分析和应急处置的系统化"智慧"运营。

1.3.10　昆明

2003 年昆明市委市政府决定在彩云路、广福路启动综合管廊建设。彩云路综合管廊，全长 23km，2003 年开工 2005 年建成；广福路综合管廊，全长 16km，2006 年开工 2007 年建成；沣源路综合管廊，全长 7km，2009 年开工 2010 年建成；飞虎大道南段综合管廊，长度 3.4km，两仓式综合管廊，2014 年开工 2015 年建成。

《昆明市中心城区综合管线专项规划（2014—2020）》新增 8 条综合管廊，综合管廊合计里程 116km，其中规划 70km，随着飞虎大道南段综合管廊工程完成初验，现状综合管廊达 49.4km。新增的 8 条综合管廊分别是：昆武高速入城地面段、二环南路、主 1 路、飞虎大道北段、春城路延长线、星耀路、204 号路、古滇路。

信息监控系统具备五个系统的管理功能，实现实时监控。包括：井盖检测管理系统、感温报警管理系统、自动控制与通信管理系统、监控及网络管理系统、低压配电及照明管理系统。城市地下综合管廊监控系统是采用先进的计算机技术、通信技术、控制技术构建，对管廊各专业管线（电力电缆、给排水管、燃气管道）运行安全、管廊环境（有害气体、淹积水、温湿度、风机水泵、照明）安全及人员安全（出入口管理、人员定位、远程广播、应急通信）进行监控和管理，使地下管廊内设备的运行状态和管廊的环境状态一目了然，实现"自动化监控、智能化管理"。

昆明智慧管廊的建设成效显著，解决了老百姓反映强烈的"马路拉链"问题，增加了道路地下空间断面，节约地下浅层空间，延长了管线寿命，降低投资成本，减少了养护维修费用。

管廊维护和管理依据市场化运作的模式。由市政府以特许经营权的方式授予，特许经营期限不超过 30 年，到期后由市政府根据实际情况重新授予特许经营权。市政府鼓励国有企业、管线单位、社会资本以各种合作方式参与地下综合管廊的投资、建设、运营管理，市政府将在资金、税收、道路开挖、融资方式、管理用地等方面给予优惠政策和支持。

综合管廊实行有偿使用制度。特许经营单位负责向各管线单位提供进入管廊使用及管廊日常维护管理服务，并收取管廊使用费和管廊日常维护管理费。

通过成立昆明城市管网设施综合开发有限责任公司，独立运作管廊项目，负责投资、设计、建设和运行管理，协调管线敷设和建设融资。专营公司独立运作，市场筹集资金，企业对企业销售，回收投资；物业化管理，运营收费；形成建、管、养良性运行机制。政府授予独家建设经营权，不提供资金、财政担保。政策上，建设综合管廊的路段，不再审批新的管线路由，不再批准新的掘路申请。

按管廊内空间占比、管廊附属设施需求、常规建设成本、行业特点等因素；采用市场定价办法，由管网公司与管线单位协商确定，而不是由物价部门定价。

管网公司负责综合管廊本体和附属公共设施设备的维护管理。各管线单位负责各自管线的线路维护管理。通过组建自动控制中心作为物业管理机构，收取一定的物业费。

1.3.11　中国台湾地区

在中国台湾地区，综合管廊也叫"共同管道"。台湾地区近十年来，对综合管廊建设的推动不遗余力，成果丰硕。台湾地区自 20 世纪 80 年代即开始研究评估综合管廊建设方案，1990 年制定了《公共管线埋设拆迁问题处理方案》来积极推动综合管廊建设，首先从立法方面进行研究，1992 年委托中华道路协会进行共同管道法立法的研究，2000 年 5 月 30 日通过立法程序，同年 6 月 14 日正式公布实施。2001 年 12 月颁布母法施行细则及建设综合管廊经费分摊办法及工程设计标准，并授权当地政府制订综合管廊的维护办法。至此中国台湾地区继日本之后成为亚洲具有综合管廊最完备法律基础的地区。台湾结合新建道路，新区开发、城市再开发、轨道交通系统、铁路地下化及其他重大工程优先推动综合管廊建设，台北、高雄、台中等大城市已完成了系统网络的规划并逐步建成。此外，已完成建设的还包括新近施工中的台湾高速铁路沿线五大新站新市区的开发。到 2002 年，台湾综合管廊的建设已逾 150km，其累积的经验可供我国其他地区借鉴。

　　我国台湾地区综合管廊的快速发展离不开政府的直接支持。但是中国台湾相对日本的政策更进了一步，主要表现在我国台湾地区的综合管廊主要由政府部门和管线单位共同出资建设，管线单位通常以其直埋线的成本为基础分摊综合管廊的建设成本，这种方式不会给管线单位造成额外成本负担，并以法律的形式保证执行。

　　从投资费用来看，中国台湾地区共同沟是由主管机关和管线单位共同出资建设的，其中主管机关承担 1/3 的建设费用，管线单位承担 2/3，其中各管线单位以各自所占用的空间以及传统埋设成本为基础，分摊建设费用。

　　从共同沟的维护费用分摊来看，管线单位于建设完工后的第二年起分摊管理维护费用的 1/3，另 2/3 由主管机关协调管线单位依使用时间或次数等比例分摊。其中的管理费用不包括主管机关编制内人事费用。

　　为确保共同沟建设与维护资金，中国台湾地区还成立了公共建设管线基金，用于办理共同沟及多种电线电缆地下化共管工程的需要。政府机关、管线单位作为资金提供者可以享受一定数量的免息资金以及时保证共同沟所需资金。

第 2 章 综合管廊智能化技术基础

2.1 GIS 技术

将 GIS（Geographic Information Systems，地理信息系统）技术引入综合管廊领域，通过空间位置的关联，将物联感知、管廊设施等数据进行空间显示、分析和管理。

GIS 以地理空间为基础，采用地理模型分析方法，实时提供多种空间和动态的地理信息，是一种为地理研究和地理决策服务的计算机技术系统。其基本功能是将表格型数据（无论它来自数据库，电子表格文件或直接在程序中输入）转换为地理图形显示，然后对显示结果浏览、操作和分析。

GIS 是一种特定的十分重要的空间信息系统。它是在计算机硬件、软件系统支持下，对整个或部分地球表层（包括大气层）空间中的有关地理分布数据进行采集、储存、管理、处理、分析、显示和描述的技术。

古往今来，几乎人类所有活动都是发生在地球上，都与地球表面位置（即地理空间位置）息息相关，随着计算机技术的日益发展和普及，地理信息系统以及在此基础上发展起来的"数字地球"、"数字城市"在人们的生产和生活中起着越来越重要的作用。

GIS 可以分为以下五部分（图 2-1）：

（1）人员，是 GIS 中最重要的组成部分。开发人员必须定义 GIS 中被执行的各种任务，开发处理程序。熟练的操作人员通常可以克服 GIS 软件功能的不足，但是相反的情况就不成立。最好的软件也无法弥补操作人员对 GIS 的一无所知所带来的副作用。

（2）数据，精确的可用的数据可以影响到查询和分析的结果。

（3）硬件，硬件的性能影响到软件对数据的处理速度，使用是否方便及可能的输出方式。

（4）软件，不仅包含 GIS 软件，还包括各种数据库、绘图、统计、影像处理及其他程序。

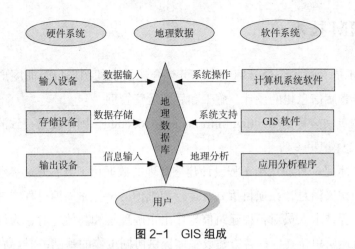

图 2-1　GIS 组成

（5）过程，GIS 要求明确定义，一致的方法来生成正确的可验证的结果。

GIS 特点有以下四个方面：

（1）公共的地理定位基础；

（2）具有采集、管理、分析和输出多种地理空间信息的能力；

（3）系统以分析模型驱动，具有极强的空间综合分析和动态预测能力，并能产生高层次的地理信息；

（4）以地理研究和地理决策为目的，是一个人机交互式的空间决策支持系统。

GIS 技术是近些年迅速发展起来的一门空间信息分析技术，在资源与环境应用领域中，它发挥着技术先导的作用。GIS 技术不仅可以有效地管理具有空间属性的各种资源环境信息，对资源环境管理和实践模式进行快速和重复的分析测试，便于制定决策、进行科学和政策的标准评价，而且可以有效地对多时期的资源环境状况及生产活动变化进行动态监测和分析比较，也可将数据收集、空间分析和决策过程综合为一个共同的信息流，明显地提高工作效率和经济效益，为解决资源环境问题及保障可持续发展提供技术支持。

地理信息系统技术是一门综合性的技术，它的发展是与地理学、地图学、摄影测量学、遥感技术、数学和统计科学、信息技术等有关学科的发展分不开的。地理信息系统的研制与应用在我国起步较晚，虽然历史较短，但发展势头迅猛。GIS 系统正朝着专业或大型化、社会化方向不断发展着。"大型化"体现在系统和数据规模两个方面；"社会化"则要求 GIS 要面向整个社会，满足社会各界对有关地理信息的需求，简言之就是"开放数据"、"简化操作"及"面向服务"，通过网络实现从数据乃至系统之间的完全共享和互动。

2.2 BIM 技术

将 BIM 技术引入综合管廊领域，可整合建筑物的图形以及非图形信息，用以指导综合管廊信息化的设计、施工和后期运营管理。

BIM 的英文全称是 Building Information Modeling，国内较为一致的中文翻译为：建筑信息模型。

BIM 技术是一种应用于工程设计建造管理的数据化工具，通过参数模型整合各种项目的相关信息，在项目策划、运行和维护的全生命周期过程中进行共享和传递，使工程技术人员对各种建筑信息作出正确理解和高效应对，为设计团队以及包括建筑运营单位在内的各方建设主体提供协同工作的基础，在提高生产效率、节约成本和缩短工期方面发挥重要作用。

2.2.1 BIM 的特点

1. 可视化

可视化即"所见所得"的形式，对于建筑行业来说，可视化的真正运用在建筑业的作用是非常大的，例如经常拿到的施工图纸，只是各个构件的信息在图纸上采用线条的绘制表达，但是其真正的构造形式就需要建筑业参与人员去自行想象了。对于一般简单的东西来说，这种想象也未尝不可，但是近几年建筑业的建筑形式各异，复杂造型在不断地推出，那么这种光靠人脑去想象的东西就未免有点不太现实了。所以 BIM 提供了可视化的思路，让人们将以往的线条式的构件形成一种三维的立体实物图形展示在人们的面前；建筑业也有设计方面出效果图的事情，但是这种效果图是分包给专业的效果图制作团队进行识读设计制作出的线条式信息，并不是通过构件的信息自动生成的，缺少了同构件之间的互动性和反馈性，然而 BIM 提到的可视化是一种能够同构件之间形成互动性和反馈性的可视，在 BIM 建筑信息模型中，由于整个过程都是可视化的，所以可视化的结果不仅可以用来进行效果图的展示及报表的生成，更重要的是，项目设计、建造、运营过程中的沟通、讨论、决策都在可视化的状态下进行（图 2-2）。

2. 协调性

协调性是建筑业中的重点内容，不管是施工单位还是业主及设计单位，无不在做着协调及相配合的工作。一旦项目的实施过程中遇到了问题，就要将各有关人士组织起来开协调会，找出各施工问题发生的原因，及解决办法,然后做出变更,及相应补救措施等以解决问题。那么这个问题的协调真的就只能出现问题后再进行协调吗？在设计时，往往由于各专业设计师之间的沟通不到位，而出现各种专业之间的碰撞问题，例如各专业中的管道在进行布置时，由于施工图纸是各自绘制在各自的施工图纸上的，真正施工过程中，可能在布置管线时正好在此处有结构设计的梁等构件在此妨碍着管线的布置，这种就是施工中常遇到的碰撞问题，像这样的碰撞问题的协调解决就只能在问题出现之后再进行解决吗？ BIM 的协调性服务就可以帮助处理这种问题，也就是说 BIM 建筑信息模型可在建筑物建造前期对各专业的碰撞问题进行协调，生成协调数据，提供出来。当然 BIM 的协调作用也并不是只能解决各专业间的碰撞问题，它还可以解决例如：电梯井布置与其他设计布置及净空要求之协调，防火分区与其他设计布置之协调，地下排水布置与其他设计布置之协调等。

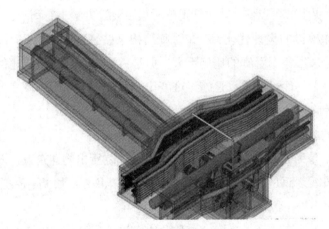

图 2-2　BIM 可视化

3. 模拟性

模拟性并不是只能模拟设计出建筑物模型，还可以模拟不能够在真实世界中进行操作的事物。在设计阶段，BIM 可以对设计上需要进行模拟的一些东西进行模拟实验，例如：节能模拟、紧急疏散模拟等；在招投标和施工阶段可以进行 4D 模拟（三维模型加项目的发展时间），也就是根据施工的组织设计模拟实际施工，从而来确定合理的施工方案以指导施工。同时还可以进行 5D 模拟（基于 3D 模型的造价控制），从而来实现成本控制；后期运营阶段可以模拟日常紧急情况的处理方式，例如人员逃生模拟及消防人员疏散模拟等。

4. 优化性

事实上整个设计、施工、运营的过程就是一个不断优化的过程，当然优化和BIM也不存在实质性的必然联系，但在BIM的基础上可以做更好的优化、更好地做优化。优化受三样东西的制约：信息、复杂程度和时间。没有准确的信息做不出合理的优化结果，BIM模型提供了建筑物的实际存在的信息，包括几何信息、物理信息、规则信息，还提供了建筑物变化以后的实际存在。复杂程度高到一定程度，参与人员本身的能力无法掌握所有的信息，必须借助一定的科学技术和设备的帮助。现代建筑物的复杂程度大多超过参与人员本身的能力极限，BIM及与其配套的各种优化工具提供了对复杂项目进行优化的可能。基于BIM的优化可以做下面的工作：

（1）项目方案优化：把项目设计和投资回报分析结合起来，设计变化对投资回报的影响可以实时计算出来；这样业主对设计方案的选择就不会主要停留在对形状的评价上，而更多的可以使得业主知道哪种项目设计方案更有利于自身的需求。

（2）特殊项目的设计优化：例如管廊结构某些特殊部位可以看到异型设计，这些内容看起来占整个管廊的比例不大，但是占投资和工作量的比例和前者相比却往往要大得多，而且通常也是施工难度比较大和施工问题比较多的地方，对这些内容的设计施工方案进行优化，可以带来显著的工期和造价改进。

5. 可出图性

BIM并不是为了出大家日常多见的建筑设计院所出的建筑设计图纸，及一些构件加工的图纸。而是通过对建筑物进行了可视化展示、协调、模拟、优化以后，可以帮助业主出如下图纸：

（1）综合管线图（经过碰撞检查和设计修改，消除了相应错误以后）；

（2）综合结构留洞图（预埋套管图）；

（3）碰撞检查侦错报告和建议改进方案。

6. 一体化性

基于BIM技术可进行从设计到施工再到运营贯穿了工程项目的全生命周期的一体化管理。BIM的技术核心是一个由计算机三维模型所形成的数据库，不仅包含了建筑的设计信息，而且可以容纳从设计到建成使用，甚至是使用周期终结的全过程信息。

7. 参数化性

参数化建模指的是通过参数而不是数字建立和分析模型，简单地改变模型中的参数值就能建立和分析新的模型；BIM 中图元是以构件的形式出现，这些构件之间的不同，是通过参数的调整反映出来的，参数保存了图元作为数字化建筑构件的所有信息。

8. 信息完备性

信息完备性体现在 BIM 技术可对工程对象进行 3D 几何信息和拓扑关系的描述以及完整的工程信息描述。

2.2.2 BIM 的功能

建立以 BIM 应用为载体的项目管理信息化，提升项目生产效率、提高建筑质量、缩短工期、降低建造成本。具体体现在以下七个方面：

1. 三维渲染，宣传展示

三维渲染动画，给人以真实感和直接的视觉冲击。建好的 BIM 模型可以作为二次渲染开发的模型基础，大大提高了三维渲染效果的精度与效率，给业主更为直观的宣传介绍，提升中标几率。

2. 快速算量，精度提升

BIM 数据库的创建，通过建立 5D 关联数据库，可以准确快速计算工程量，提升施工预算的精度与效率。由于 BIM 数据库的数据粒度达到构件级，可以快速提供支撑项目各条线管理所需的数据信息，有效提升施工管理效率。BIM 技术能自动计算工程实物量，这个属于较传统的算量软件的功能，在国内此项应用案例非常多。

3. 精确计划，减少浪费

施工企业精细化管理很难实现的根本原因在于海量的工程数据，无法快速准确获取以支持资源计划，致使经验主义盛行。而 BIM 的出现可以让相关管理条线快速准确地获得工程基础数据，为施工企业制定精确人才计划提供有效支撑，大大减少了资源、物流和仓储环节的浪费，为实现限额领料、消耗控制提供技术支撑。

4. 多算对比，有效管控

管理的支撑是数据，项目管理的基础就是工程基础数据的管理，及时、准确地获取相关工程数据就是项目管理的核心竞争力。BIM 数据库可以实现任一时点上工程基础信息的快速获取，通过合同、计划与实际施工的消耗量、分项单价、分项合价等数据的多算对比，可以有效了解项目运营是盈是亏，消耗量有无超标，进货分包单价有无失控等等问题，实现对项目成本风险的有效管控。

5. 虚拟施工，有效协同

三维可视化功能再加上时间维度，可以进行虚拟施工。随时随地直观快速地将施工计划与实际进展进行对比，同时进行有效协同，施工方、监理方，甚至非工程行业出身的业主领导都对工程项目的各种问题和情况了如指掌。这样通过BIM技术结合施工方案、施工模拟和现场视频监测，大大减少建筑质量问题、安全问题，减少返工和整改。

6. 碰撞检查，减少返工

BIM最直观的特点在于三维可视化，利用BIM的三维技术在前期可以进行碰撞检查，优化工程设计，减少在建筑施工阶段可能存在的错误损失和返工的可能性，而且优化净空，优化管线排布方案。最后施工人员可以利用碰撞优化后的三维管线方案，进行施工交底、施工模拟，提高施工质量，同时也提高了与业主沟通的能力。

7. 冲突调用，决策支持

BIM数据库中的数据具有可计量（Computable）的特点，大量工程相关的信息可以为工程提供数据后台的巨大支撑。BIM中的项目基础数据可以在各管理部门进行协同和共享，工程量信息可以根据时空维度、构件类型等进行汇总、拆分、对比分析等，保证工程基础数据及时、准确地提供，为决策者制订工程造价项目群管理、进度款管理等方面的决策提供依据。

2.3 通信技术

将通信技术引入综合管廊领域，可实现信息传递，用于综合管廊信息化的设计、施工和后期运营管理。

通信技术，关注的是通信过程中的信息传输和信号处理的原理和应用，研究的是以电磁波、声波或光波的形式把信息通过电脉冲，从发送端传输到一个或多个接收端。接收端能否正确辨认信息，取决于传输中的损耗功率高低。信号处理是通信工程中一个重要环节，其包括过滤、编码和解码等。

实现信息传递所需的一切技术设备和传输媒质的合称为通信系统。

信源：消息的产生地，其作用是把各种消息转换成原始电信号，称之为消息信号或基带信号。电话机、电视摄像机和电传机、计算机等各种数字终端设备就是信源。

发送设备：将信源和信道匹配起来，即将信源产生的消息信号变换为适合在信道中搬移的场合，调制是最常见的变换方式。对需要频繁搬移场合，调制是最常见的变换方式。对数字通信系统来说，发送设备常常又分为信源编码与信道编码。

信道：传输信号的物理媒质。

噪声源：是通信系统中各种设备以及信道中所固有的，为了分析方便，把噪声源视为各处噪声的集中表现而抽象加入信道。

接收设备：完成发送设备的反变换，即进行解调、译码、解码等。它的任务是从带有干扰的接收信号中正确恢复出相应的原始基带信号来。

信宿：传输信息的归宿点，其作用是将复原的原始信号转换成相应的信息。

可从以下几方面进行分类：

（1）按传输媒质分类，可分为：

有线通信：是指传输媒质为导线、电缆、光缆、波导、纳米材料等形式的通信，其特点是媒质能看得见，摸得着（明线通信、电缆通信、光缆通信、光纤光缆通信）。

无线通信：是指传输媒质看不见、摸不着（如电磁波）的一种通信形式（微波通信、短波通信、移动通信、卫星通信、散射通信）。

（2）按信道中传输的信号分类，可分为：

模拟信号：凡信号的某一参量（如连续波的振幅、频率、相位，脉冲波的振幅、宽度、位置等）可以取无限多个数值，且直接与消息相对应的，模拟信号有时也称连续信号。这个连续是指信号的某一参量可以连续变化。

数字信号：凡信号的某一参量只能取有限个数值，并且常常不直接与消息相对应的，也称离散信号。

（3）按工作频段分类，可分为：长波通信、中波通信、短波通信、微波通信。

（4）按调制方式分类，可分为：

基带传输：是指信号没有经过调制而直接送到信道中去传输的通信方式。

频带传输：是指信号经过调制后再送到信道中传输，接收端有相应解调措施的通信方式。

（5）按通信双方的分工及数据传输方向分类：

对于点对点之间的通信，按消息传送的方向，通信方式可分为单工通信、半双工通信及全双工通信三种。

单工通信，是指消息只能单方向进行传输的一种通信工作方式。

半双工通信，是指通信双方都能收发消息，但不能同时进行收和发的工作方式。

全双工通信，是指通信双方可同时进行双向传输消息的工作方式。

2.4 物联网技术

将物联网技术引入综合管廊领域，可实现管廊环境、人员等的智能感知与管理。

物联网技术的定义是：通过射频识别（RFID）、红外感应器、全球定位系统、激光扫描器等信息传感设备，将任何物品与互联网相连接，进行信息交换和通信，以实现智能化识别、定位、追踪、监控和管理的一种网络技术。

"物联网技术"的核心和基础是"互联网技术"，是在互联网技术基础上的延伸和扩展的一种网络技术，其用户端延伸和扩展到了任何物品和物品之间，进行信息交换和通信。

物联网四大支撑技术为（图 2-3）：

（1）RFID：电子标签属于智能卡的一类，RFID 技术在物联网中主要起"使能"（Enable）作用；

（2）传感网：借助于各种传感器，探测和集成包括温度、湿度、压力、速度等物质现象的网络；

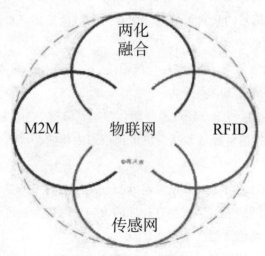

图 2-3 物联网四大支撑技术

（3）M2M：侧重于末端设备的互联和集控管理；

（4）两化融合：是信息化和工业化的高层次的深度结合，是指以信息化带动工业化、以工业化促进信息化，走新型工业化道路；两化融合的核心就是信息化支撑，追求可持续发展模式。

物联网典型体系架构分为3层，自下而上分别是感知层、网络层和应用层。感知层实现物联网全面感知的核心能力，是物联网中关键技术、标准化、产业化方面亟需突破的部分，关键在于具备更精确、更全面的感知能力，并解决低功耗、小型化和低成本问题。网络层主要以广泛覆盖的移动通信网络作为基础设施，是物联网中标准化程度最高、产业化能力最强、最成熟的部分，关键在于为物联网应用特征进行优化改造，形成系统感知的网络。应用层提供丰富的应用，将物联网技术与行业信息化需求相结合，实现广泛智能化的应用解决方案，关键在于行业融合、信息资源的开发利用、低成本高质量的解决方案、信息安全的保障及有效商业模式的开发。

物联网体系主要由运营支撑系统、传感网络系统、业务应用系统、无线通信网系统等组成。

通过传感网络，可以采集所需的信息，在实践中可运用RFID读写器与相关的传感器等采集其所需的数据信息，当网关终端进行汇聚后，可通过无线网络远程将其顺利地传输至指定的应用系统中。此外，传感器还可以运用ZigBee与蓝牙等技术实现与传感器网关有效通信的目的。市场上常见的传感器大部分都可以检测到相关的参数，包括压力、湿度或温度等。一些专业化、质量较高的传感器通常还可检测到重要的水质参数，包括浊度、水位、溶解氧、电导率、藻蓝素、pH值、叶绿素等。

运用传感器网关可以实现信息的汇聚，同时可运用通信网络技术使信息可以远距离传输，并顺利到达指定的应用系统中。我国无线通信网络有3G、WLAN、LTE、GPRS、4G等。

M2M平台具有一定的鉴权功能，因此可以提供必要的终端管理服务，同时，对于不同的接入方式，其都可顺利接入M2M平台，因此可以更顺利、更方便地进行数据传输。此外，M2M平台还具备一定的管理功能，对用户鉴权、数据路由等进行有效的管理。而对于BOSS系统，其由于具备较强的计费管理功能，因此在物联网业务中得到广泛的应用。

业务应用系统主要提供必要的应用服务，包括智能家居服务、一卡通服务、水质监控服务等，所服务的对象，不仅仅为个人用户，也可以为行业用户或家庭用户。

2.5 环境监测技术

将环境监测技术引入综合管廊领域，可实现管廊环境的科学分析和质量评价。

环境监测是指运用物理、化学、生物等现代科学技术方法，间断地或连续地对环境化学污染物及物理和生物污染等因素进行现场的监测和测定，做出正确的环境质量评价。环境监测包括：化学监测、物理监测、生物监测、生态监测。检测过程一般包括：确定目的→现场调查→监测计划设计→优化布点→样品采集→运送保存→分析测试→数据处理→综合评价等。

环境监测是以环境分析为基础，通过对影响环境质量因素的代表值的测定，研究环境质量的变化，并描述环境状态与演化、科学预报环境质量的发展趋势。

环境监测技术不仅包括化学分析法、仪器分析法、色谱分析法、电化学分析法、放射分析法等分析测试技术，还应包括布点技术、采样技术、数据处理技术和综合评价技术等。3S技术、生物技术、信息技术、物理化学科学等现代化监测技术已被广泛应用于大气环境监测、水资源调查评价等监测工作。

（1）3S技术。3S技术是以遥感技术（RS）、地理信息系统（GIS）和全球定位系统（GPS）为基础，将这三种独立技术与其他高新技术有机地构成一个整体而形成的一项新的综合技术，它集信息的获取、处理和应用于一身，凸显信息获取与处理的高速、实时与应用中的高精产度、可定量化等方面的优点。

（2）信息技术。随着计算机、网络等现代信息技术在各领域应用的不断深入，信息技术已经被广泛应用于环境监测中。

一是无线传感器网络技术。环境监测应用中无线传感器网络属于层次型的异构网络结构，最底层为部署在实际监测环境中的传感器节点。向上层依次为传输网络、基站，最终连接到网络。通过该技术能够将监测的数据传送到数据处理中心，监护人员可以通过任意一台连入网络的终端访问数据中心，或者向基站发出命令。

二是PLC技术。可编程逻辑控制器（PLC）是集自动化技术、计算机技术和通信技术于一体的新一代工业控制装置，在结构上对耐热、防尘、防潮、抗震等都有精确考虑，在硬件上采用隔离、屏蔽、滤波、接地等抗干扰措施，非常适用于条件恶劣的现场。此外，可以用于雨水的远程监测，对于防汛排涝有着积极的意义，还可以对河水水位、流速、水质的测量实现远程监视。

环境监测的目的是运用现代科学方法，对人类赖以生存的环境质量进行定量描述，用监测数据来表示环境质量受损程度，准确、及时、全面地反映环境质量现状及发展趋势，为环境管理、污染源控制、环境规划提供科学依据，进而保护人类正常生存与发展。具体有以下几个方面：

（1）对污染物及其浓度（强度）作时间和空间方面的追踪，掌握污染物的来源、扩散、迁移、反应、转化，了解污染物对环境质量的影响程度，并在此基础上对环境污染作出预测、预报和预防；

（2）了解和评价环境质量的过去、现在和将来，掌握其变化规律；

（3）收集环境背景数据、积累长期监测资料，为制订和修订各类环境标准、实施总量控制、目标管理提供依据；

（4）实施准确可靠的污染监测，为环境执法部门提供执法依据；

（5）在深入广泛开展环境监测的同时，结合环境状况的改变和监测理论及技术的发展，不断改革和更新监测方法与手段，为实现环境保护和可持续发展提供可靠的技术保障。

利用现代环境监测技术对环境进行准确、及时的监测和分析，对实现环境污染的预防和控制具有重要的现实意义。

2.6　信息集成技术

将信息集成技术引入综合管廊领域，可实现综合管廊信息资源共享，推动综合管廊集中、高效、便利的管理模式。

信息系统集成的内涵就是根据应用的需求，通过结构化的综合布线系统和计算机网络技术，将各个分离的设备、功能和信息等集成到相互关联的、统一和协调的系统之中，使资源达到充分共享，实现集中、高效、便利的管理。采用功能集成、网络集成、软件界面集成等多种集成技术。实现的关键在于解决系统之间的互联和互操作性问题，它是一个多厂商、多协议和面向各种应用的体系结构。需要解决各类设备、子系统间的接口、协议、系统平台、应用软件等与子系统、建筑环境、施工配合、组织管理和人员配备相关的一切面向集成的问题。

数据集成是信息系统集成建设中最深层、最核心的工作。数据集成的核心任务是要将互相关联的分布式异构数据源集成到一起，使用户能够以透明的方式访问这些数据源。

信息系统集成主要包括以下几个子系统的集成：

（1）硬件集成：

使用硬件设备将各个子系统连接起来，例如使用路由器连接广域网等。

（2）软件集成：

软件集成要解决的问题是异构软件的相互接口。

（3）数据信息集成：

数据和信息集成建立在硬件集成和软件集成之上，是系统集成的核心，通常要解决的主要问题包括：

1）合理规划数据和信息；

2）减少数据冗余；

3）更有效地实现信息共享；

4）确保数据和信息的安全保密。

（4）技术管理集成：

使各部门协调一致地工作，做到管理的高效运转，是系统集成的重要内容。

（5）组织机构集成：

系统集成的最高境界，提高每个人和每个组织机构的工作效率，通过系统集成来促进管理和提高管理效率。

计算机应用和 Internet 的快速发展，引起了各种应用程序中可用信息数量和类型的爆炸性增长，简单的信息集成已经不能满足应用的需要，应用本体、采用 WebService 架构进行面向语义的信息集成已成为当前研究和应用的热点。

第3章 综合管廊智能化总体设计

综合管廊管理是一项系统而复杂的工程,一方面,因综合管廊整体建于地下,只有少量的吊装口、人员出入口和通风口与外界相通,实际运营过程中可能产生安全盲点,甚至形成安全盲区,成为事故易发带。另一方面,综合管廊空间相对密封,在不能及时有效发出报警通知的情况下,撤离逃生的时间将变得十分有限。上述原因不仅会对综合管廊内设施设备造成破坏,甚至还会造成人员伤亡等灾难性后果。为解决这一问题,有必要充分利用现代先进技术建立一套适用于综合管廊安全运营的先进智能化系统,实现对综合管廊的全方位管控。

云技术是一种利用互联网实现随时、按需、便捷地访问共享资源池的计算模式。云计算为用户解决了数据中心管理、大规模数据处理、应用程序部署等问题。基于云计算的城市地下综合管廊运营管理系统构建的核心思想,是将以物联网技术为基础的管廊综合监控系统移植到云平台上,并将综合管廊主体及附属设施信息数字化存储于云平台,采用 GIS 技术和 BIM 技术实现对上述数据的整合,建立统一的综合管廊运营管理云平台门户,用户可通过台式电脑、智能手机或者平板电脑等移动设备实现综合管廊运营过程的监控。

3.1 设计原则

《国务院办公厅关于加强城市地下管线建设管理的指导意见》中指出,要把加强城市地下管线建设管理作为履行政府职能的重要内容,统筹地下管线规划建设、管理维护、应急防灾等全过程,综合运用各项政策措施,提高创新能力,全面加强城市地下管线建设管理。要求各城市及相关主管部门要借鉴已有的成功经验,结合地区特点,鼓励管道权属单位开发、应用地下管线监控预警技术,实现智能监测预警、有害气体自动处理、自动报警、防爆、井盖防盗等功能,提高地下管线安全管理效能,减少各类事故的发生。设计原则如下:

(1)业务流程统一整合。

管廊是一个综合建筑体,包含众多的复杂的业务流程,包括智能监控、管网运行、设备维修、应急作业、运维调度、隐患管理等，这些业务流程需要统一整合到管廊综合管控方案中。

（2）软硬件新技术融合。

管廊综合管控方案中将利用到大量的最新的软硬件技术，例如设备监控技术、物联通信技术、智能终端技术、数据挖掘技术、智能报表技术、数据仓库技术等。

（3）数据集成实现智慧决策。

管廊综合管控方案是一个数据集成与智慧决策系统，包括大量的、多种类的数据集成，保证数据的完整性，各系统之间的数据关联性，利用专家库实现知识挖掘，利用大量的预案实现智慧决策。

（4）系统具有开放性与扩展性。

由于管廊系统管理设备众多，监控内容庞杂，系统规模逐渐扩大，由现场监控系统到区域分监控中心到主控中心各层级逐步建设，因此对系统的开放性和扩展性要求很高，要求系统架构可灵活配置、监测设备可灵活配置、外围系统接口可灵活添加修改、功能模块可灵活添加、网络层级可延伸扩展等。

3.2 设计目标

基于云计算的综合管廊智能化系统以综合管廊安全运营为目标，建立科学合理的综合管廊智能化体系，形成以综合管廊监控预警、决策支持、应急管理及节能降耗等功能于一体的综合管廊智能运营管理平台，实现全区域内综合管廊信息共享、运维管理工作的无缝对接，促进综合管廊安全运营工作的可持续开展。

综合管廊智能化设计目标：安全、绿色、智能。系统具体设计目标如下：

（1）以综合管廊安全运营为核心，将综合管廊内环境与设备监控系统、安全防范系统、通信系统、预警与报警系统以及综合管廊物业管理系统等，通过物联网、BIM、GIS、云计算等技术进行整合，构建统一的综合管廊集成智能化运营管理系统。

（2）以 GIS 和 BIM 技术为支撑，构建满足综合管廊日常维护、内部导航、路线规划以及应急管理等需求的相关定位技术，达到综合管廊内管线、附属设施以及人员的精准定位，实现三维可视化运维管理。

（3）以综合管廊运营维护管理需求为导向，以 BIM 技术为基础，建立行政管理体系，对管廊建设及维修档案、入廊管线信息、运维人员档案、运维车辆等进行综合管理，并提供查询、统计和分析服务，提高运营单位的工作效率和管理水平。

（4）以数据库技术为基础，建立综合管廊设施设备模型数据库，结合综合管廊本体、附属设施以及各入廊管线的专业监测数据，采用数据挖掘技术，对综合管廊运行状态进行综合分析和评判，为运维管理的各项业务提供可靠的数据决策支持，实现综合管廊运营管理过程中的信息感知、储存、分析、判断，达到智能化运营管理。

从系统建设目标出发，结合管廊运维的实际情况将系统分为管廊综合监控子系统、入廊管线管理子系统、运维管理子系统、应急管理子系统及后台管理子系统五个应用模块。

（1）管廊综合监控子系统。

管廊综合监控子系统包括环境与设备监控系统、安全防范系统、通信系统、预警与报警系统等模块，实现对综合管廊内的温湿度、空气质量、集水坑液位等环境参数的监测及排水泵、排风排烟阀及动力、照明等相关附属设备的控制。系统将综合管廊运行过程中的数据以工艺流程图、设备状态图、统计分析报表等多种形式展现。

（2）入廊管线管理子系统。

入廊管线管理子系统包括给水管线管理、电力电缆管理、通信电缆管理、热力管道管理、天然气管道管理等模块，各模块以图形化的方式显示入廊管线的运行状态并提供报表分析功能，便于运营单位掌握入廊管线的运行情况。入廊管线管理子系统以数据接口形式获取对应入廊管线专业监测系统提供的数据。

（3）运维管理子系统。

运维管理子系统包括管廊日常巡检、设施设备管理、入廊作业申请、人员出入登记等模块，实现对管廊运营过程中的日常巡检管理、附属设施设备维护管理、管线单位入廊作业申请及管廊人员出入控制管理。系统以报表形式记录综合管廊内外部巡检情况，建立附属设备台账，提供附属设施设备的巡检作业报表、维护作业报表及作业流程审批表等，建立综合管廊轮值班报表、出入人员登记报表、进出综合管廊流程报表等各类管理报表。

（4）应急管理子系统。

应急管理子系统包括应急联动、应急决策支持、应急演练、安全知识培训等模块，实现对管廊运营过程中安全隐患排查，应急事件处理的闭环控制。应急管理子系统建立与公安、消防、电力、电信、热力、供水等相关单位的应急联动机制；建立安全巡查、隐患排查等台账以及安全业务培训知识库、应急事件处理总结库。

（5）后台管理子系统。

后台管理子系统包括用户管理、权限管理、数据备份、系统登陆日志管理等模块，实现对系统用户的新增、修改、删除及对应用户的权限设置管理；通过后台管理子系统还可实现对系统数据备份策略的设置，完成数据的备份工作；超级用户管理员权限还可以实现对系统登陆人员及登陆时间的查看，便于异常事件的分析处理。

3.3 设计架构

综合管廊智能化系统以物联网技术为基础，对综合管廊运营过程中的数据进行采集、传输、存储、分析和应用，整个系统分为感知层、网络层、信息资源层、业务应用层和门户层，具体模型见图3-1。

感知层利用安装于现场的各种传感器实现对综合管廊运行状态、入廊作业人员位置等信息的实时采集；网络层利用无线传输和有线传输技术实现对综合管廊现场信息的可靠传递；信息资源层采用数据库技术实现综合管廊运行数据的统一存储和管理；应用层整合BIM技术、GIS技术以及云计算，对现场信息及综合管廊其他信息进行分析、判断，为综合管廊的安全运营提供决策支持；门户层为综合管廊运营管理单位、政府职能机构、入廊管线单位及城市市民提供统一的用户访问界面。

3.3.1 硬件架构

基于云计算的综合管廊监控系统运行于综合管廊现场，一方面利用物联网技术实现对综合管廊内设备实时监控，另一方面通过标准化的技术将综合管廊运营过程中的数据发送至云端，实现数据的储存。云平台利用虚拟化的技术将各种不同类型的计算资源抽象成服务的形式，给综合管廊监控系统提供高安全性、高可靠性、低成本的数据存储服务。系统硬件构架如图3-2所示。

整个系统硬件采用三层架构，分为现场区域控制器层、网络层和监控中心层。其中现场区域控制层由安装于管廊内用于检测氧气浓度、温湿度、有毒气体等的检测仪表，入侵探测器，远程IO模块，综合继保，电量监测仪及各区域内控制

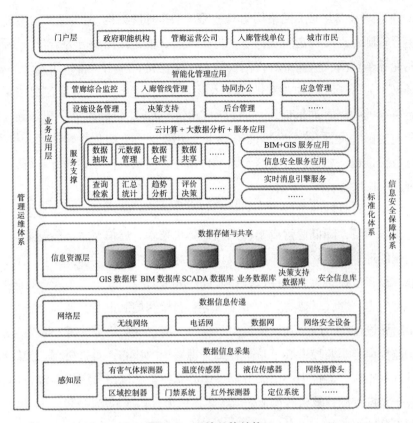

图 3-1 系统总体结构

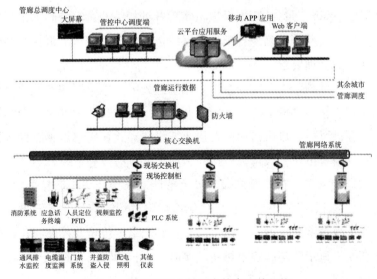

图 3-2 基于云平台的综合管廊硬件架构

器 PLC 等现场设备组成。网络层为双链路星型多环网架构,分为接入层和核心层,根据综合管廊各路段的走向及特点,将接入层交换机按路段分为若干个子网,组成千兆光纤子环网。监控中心设两台核心层交换机,一用一备,用光纤互联组成核心环网。光纤子环网通过双链路接入核心环网,为整个工程搭建起一个安全、快速、可靠的数据、通信信道。监控中心层分为各地分监控中心和总监控中心,其中分监控中心设置 SCADA 系统服务器,用于综合管廊现场数据的采集和向云端进行数据推送,总监控中心基于云平台构建,实现各区域内综合管廊数据的集中处理及应用服务。

为实现综合管廊的运行安全和及时有效的维护,进一步提高综合管廊的管理效率与服务质量,降低运营成本,采用计算机技术、通信技术、传感器技术和综合自动化的理念,建立一套具有集成功能的综合监控系统。监控系统硬件层由监控中心、设备监控、火灾监控、视频监控、环境监控、安全防范及电话通信系统构成,将电力、燃气、热力、给水排水等专属检测控制设备及通风、排水、照明等管廊附属设备统一归结到设备监控系统中,实现现场信号的统一采集与控制。

①监控中心。监控中心是整个管廊管理系统的核心,负责协调、控制和管理其他系统的工作。监控中心由服务器、中心交换机、网络打印机等设备构成,与其他各子系统控制计算机按照服务器 / 客户机模式构成局域网络。

②设备监控系统。设备监控系统主要由设置在 ACU 控制器中的冗余 PLC 构成,实现对排风机、排水泵及动力、照明等设备的手 / 自动状态监视,启停控制,运行状态显示,运行记录,故障报警以及实现各种相关的逻辑控制关系、统计分析、能耗计量、电力监控等,确保各类设备系统运行稳定、安全、可靠和高效,并达到节能和环保的管理要求。

③火灾监控系统。火灾监控系统采用感温光纤、感温探测器及信号传入消防系统监控主机。按每 200m 设置一个防火分区,在管廊内布置感温光纤监测舱内温度情况,在进风口、排风机房内及出入口设置点式智能感烟感温探测器,在管廊内设置手动报警按钮,报警信号接入区域火灾自动报警系统。

④视频监控系统。在管廊内设置高清智能网络摄像头,信号采用光纤传输,供电由 ACU 控制器内的小母线集中供给。视频及控制信号经光纤收发光电转换处理后,接入视频网络交换机,通过主干视频网络上传至监控中心,在监控中心可以任意切换、显示管廊内各个场所的实时画面,同时结合其他子系统,实现对管廊的高效管理。

⑤其他系统。环境监测系统：在管廊内设置了多通道气体监测装置，监测管廊内空气质量、温湿度，以保证管廊内环境安全。探测器将环境信息上传至PLC，PLC根据环境安全要求联动风机运行，保证管廊内空气质量。安全防范系统：在管廊出入口、投料口设置被动红外探测器，监视出入口处人员进出情况，报警信号接入PLC控制器，可联动照明系统及视频监视系统进行现场确认及录像。通信系统：在管廊的出入口及防火分区内设置电话插座，以在紧急情况下或人员维护时与外界通信。

3.3.2 软件架构

系统软件架构如图3-3所示，分为支撑层、数据层、应用层及系统展现层。支撑层一方面通过通信协议获取综合管廊监测监控实时数据，经处理后写入监测监控实时数据库和历史数据库；另一方面通过数据接口获取GIS、BIM等软件提供的综合管廊基础数据，通过消息队列向上层应用推送。数据层主要包括BIM数据库、GIS数据库、SCADA系统数据库及入廊管线数据库等，实现了综合管廊运行全生命周期内数据的统一存储、分析、判断，并向应用层提供决策支持。应用层包括综合管廊运维管理体系、入廊管线管理体系、综合管廊应急抢险体系和行政能效体系，为综合管廊运营综合管理平台提供监控与预警、联动控制、运维、应急抢险和行政管理全方位的应用功能。系统展现层为包括WEB应用端和桌面应用端，向用户提供更加直观、易用的界面，并且能简化用户的使用并节省时间。

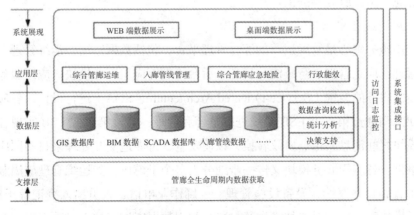

图3-3 软件架构

3.4 系统实现

整个系统应用了物联网、云计算、BIM、GIS 及数据挖掘等技术，涉及大量异构数据存储与应用、不同应用服务之间的信息共享、数据可视化展示及多途径的访问方式等方面问题。因此，云平台搭建、GIS 和 BIM 的接口、数据处理技术、平台访问机制成为系统实现的关键。

3.4.1 云平台搭建

云计算平台是综合管廊运行数据存储、分析和提供应用服务的统一平台，分为数据存储中心和应用服务中心。数据存储中心将综合管廊运行生命周期内数据，包括监控数据、GIS 数据、BIM 数据及业务流程数据等信息集中在云平台，建立数据资源池，实现数据的存储、分析和共享。应用服务中心是综合管廊各子系统功能的实现，并提供基于桌面系统、智能移动终端的服务应用。

1. 云数据存储中心

云数据存储中心选用四台 NF5280M4 系列高性能服务器作为计算节点，NF5280M4 服务器凭借其良好的模块化设计和散热系统，能够有效支持云基础架构；数据存储采用高性能的集群存储设备并通过 FC 协议连接到每个计算节点，使得存储数据流不会占用业务网络带宽，以满足管廊运营过程中大量数据的存储和访问要求；图形处理方面采用 NVIDIAGRID 技术实现硬件加速，满足管廊运营过程中 GIS 和 BIM 模型对图形处理硬件的要求；软件方面选用成熟的虚化平台对上述硬件进行整合，实现数据集中存放管理，终端用户所需的计算资源和图形资源完全由云服务器提供。

2. 应用服务中心

应用服务中心是管廊运营的综合管理平台，包括数据监测、运维管理、入廊管线管理、应急管理、行政能效管理、后台管理等应用服务模块。应用服务中心采用面向服务的架构（Service-Oriented Architecture，SOA）进行设计，各应用服务模块之间通过第三方 ESB 总线进行整合和管理，通过第三方 ESB 实现各应用服务模块之间消息路由、协议转换，以便安全、可靠地交互处理来自不同应用业务的事件。各应用服务模块又进一步细分为多个子模块，如运维管理应用服务模块包括管廊日常巡检、设备设施管理、入廊作业申请、人员出入登记等子模块，每个子模块采用面向对象技术进行封装，利用数据库访问技术对数据库表进行查询、修改等操作。

3.4.2　感知平台设计

城市综合管廊智能化系统的感知平台以"全面感知"为设计思路，设计标准的、适配所有传感器的小型且模块化的接入设备。城市综合管廊中所涉及的有监测类、控制类和通信类的应用场景。

1. 监测类

参照《城市综合管廊工程技术规范》GB 50838—2015，需要实现：环境参数如温度、湿度、水位、氧气、硫化氢、甲烷、地表沉降的在线监测；设备如通风设备、排水泵、电气设备等工作状态监测；以及与其他专业监控系统如火灾自动报警、通风管理、供电管理、安防监控等的联通。

如图 3-4 所示，监测类系统的物理连接主要由模拟信号（4-20mA）接口模块、数字信号（RS485）接口模块构成。接口模块主要实现信号接入并转化成 IP/ 以太网报文，经由以太网络交互数据至服务器，实现监测类应用。

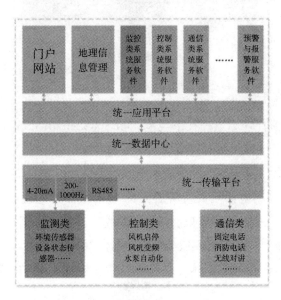

图 3-4　监控类智能化系统

2. 控制类

参照《城市综合管廊工程技术规范》GB 50838—2015，需要实现：对通风设备、排水泵、电气设备等进行控制，包括就地手动、就地自动和远程控制。

如图 3-5 所示，控制类系统的物理连接主要包括两部分，参数输入及控制信号输出。其中，监测连接类同上面章节；控制类系统主要由自动化控制模块构成，提供继电器型输出、晶体管型输出和晶闸管型输出三种典型的控制输出方式。

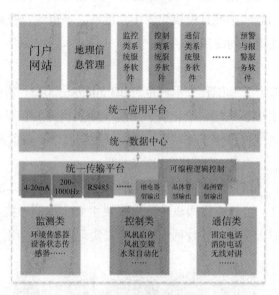

图 3-5　控制类智能化系统

3. 通信类

参照《城市综合管廊工程技术规范》GB50838—2015，需要实现：综合管廊设置固定式通信系统和无线对讲系统。

如图 3-6 所示，通信类系统采用基于 IP-PBX 电话交换系统的语音通信技术。固定式通信系统采用电话网关模块的 FXS 口接入并转化成 IP/ 以太网报文，实现包括语音调度、视频通信等功能应用；无线对讲系统采用 WiFi 通信模块提供 WiFi 无线接入，配合 WiFi 终端或类似微信对讲的 APP 软件。

注：IP-PBX 电话交换系统是结合传统电话交换和 IP 网络技术而发展起来的，实现以 IP 方式进行的数据通信，包括传统的语音通信，以及文本、数据、图像等的传输。

3.4.3　传输平台设计

城市综合管廊智能化系统传输平台主要由核心交换机和综合通信分站组成，根据城市管廊结构特点和设备分布情况，可实际拓扑成环形网络、星形网络或树形网络（图 3-7）。

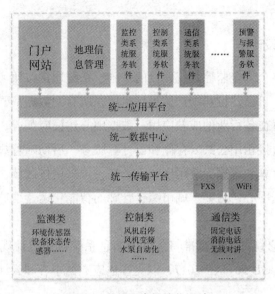

图 3-6　通讯类智能化系统

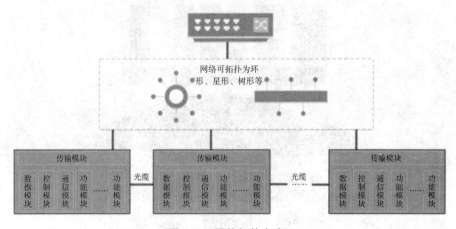

图 3-7　网络拓扑方式

综合通信分站具有数据交换功能，并提供多个千/百兆光/电网络接口，即是一台具有多业务功能的二层交换机。任意数量的核心交换机和综合通信分站的组合，以及其任意连接方式、任意位置分布都在逻辑上等同于一台交换机。这样在系统网络设计和网络管理方面，就极其简单和方便。

采用 SNMP（简单网络管理协议）管理机制，实现对整个网络的快速拓扑构建、节点检索、故障定位、故障诊断等功能。每个模块组件采用独立核心 CPU 设计，能实现到模块、到端口的智能管理。即，系统能实现全网络、全业务模块、全功能端口的智能化管理，并具有可视化。

3.4.4 数据中心设计

数据中心是整个综合监控系统建设的基础，系统通常按照"分布式应用、集中化存储"设计，自己建设和维护信息化机房，所有的数据都要集中存储。而随着云存储、云计算在各行业的成熟应用，数据中心建设应朝着"云端存储"的方向发展，前期可直接租用公共云存储和云计算服务。后期随着数据业务量海量增多，数据分析、计算和挖掘等应用进一步开展，可采用按区域、按业务类别等方式建立私有云数据中心，为整个城市综合管廊的智能化运营维护提供强有力的保障（图 3-8）。

2015 年重新修订的国标标准将《电子信息系统机房设计规范》更改成《数据中心设计规范》GB 50174—2017，以更好适应数据中心和云计算的快速发展。

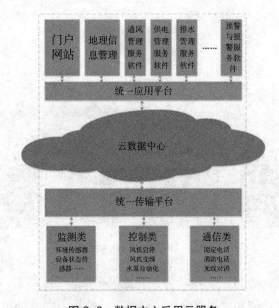

图 3-8 数据中心采用云服务

3.4.5 应用平台设计

城市综合管廊智能化系统包括了给水、雨水、污水、再生水、天然气、热力、电力、通信等城市工程管线的信息化运营和维护应用，这些不同业务的管廊系统应统一规划、设计和建设，但同时要求能灵活适应不同业务流程管理的差异性和服务要求的多样性。平台设计采用松耦合的结构，标准化中间件接口，规范应用开发。即，平台可以提供应用服务商标准化的软件开发接口，只需要关心应用服务层面开发即可，而不需要担心数据的获取、数据的传输。平台保证数据资源的可靠获取和充分共享（图 3-9）。

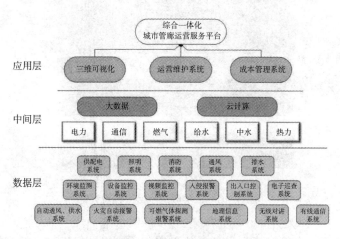

图 3-9 应用平台设计框架

基于"物联网、大数据、云计算、BIM、移动互联"等信息技术为支撑的城市综合管廊智能化运营服务平台主要包括三方面内容：基于综合一体化的管廊综合监控数据层；基于大数据、云计算技术应用的电力、通信、燃气、给水、中水及热力等的业务支撑服务平台；基于三维可视化、运营维护管理、成本管理的"综合一体化城市管廊运营服务平台"。

平台采用三层结构，即应用层、中间层及数据层（图 3-10）。

应用层，即面向对象的应用，包括基于 GIS 的信息化管理门户网站、通风管理子程序、供电管理子程序、排水管理子程序、环境与设备监控子程序、安全防范子程序、通信应用管理子程序、预警与报警子程序、消防管理子程序、照明管理子程序、地理信息管理子程序等。同时，提供基于 B/S 模式的电脑、手机等客户端软件。

中间层，即提供各种应用服务支撑，采用标准接口协议，可供第三方开发。包括数据访问、消息管理、安全服务等基础性服务，是整个平台的应用基础。

数据层，负责数据库的访问。而不需要关注具体的数据采集、数据传输和数据解析等操作，也不需要关注不同厂家、不同制式、不同类别终端设备的物理接口和拓扑方式。

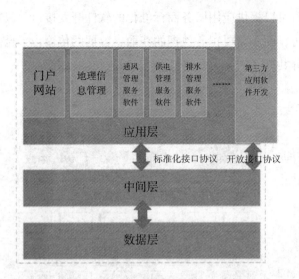

图 3-10　三层应用平台架构设计

三维可视化：在管廊规划设计、建设安装、交付试运行、运行维护及升级改造等全生命周期的 3D 立体的综合管廊数据库应用。

运营维护系统：包括管廊实时在线监测、设备管理、人员管理、备件管理、入廊管理、应急管理、数据分析管理等。

成本管理系统：人员成本管理、维护成本管理、运营收益管理、耗能成本管理、成本预测管理等。

3.4.6　GIS 和 BIM 接口设计

GIS（GeographicInformationSystem 地理信息系统）是在计算机硬、软件系统支持下，对整个或部分地球表层（包括大气层）空间中的有关地理分布数据进行采集、储存、管理、运算、分析、显示和描述的技术系统。BIM（BuildingInformationModeling）是以建筑物的三维数字化为载体，将建筑物全生命周期内各个环节所需要的信息关联起来，所形成的建筑信息集。

GIS 作为各区域内综合管廊全线数据整合集成的引擎平台，基于统一基础地理坐标系，根据综合管廊线路、区间段精确走向、标高等规划方案进行综合管廊地图管理，建立图形空间规划要素的数据引擎，为后续与 BIM 集成、属性表格管理等提供依据。BIM 提供综合管廊精细模型，生成综合管廊勘察、设计、施工和运营阶段的 BIM 大数据，依据这些数据可以开展综合管廊勘察、设计、施工及后期的运营管理工作。

为实现 GIS 和 BIM 的融合，同时满足客户端访问时图形的渲染质量和速度，需对 BIM 模型进行轻量化处理，并建立 GIS 和 BIM 的交互接口。

1. 综合管廊 BIM 模型轻量化处理

三维几何模型分为实体模型、表面模型和线框模型三种。在设计阶段，综合管廊 BIM 模型是实体的三维模型，实体模型记录了管廊完整的几何拓扑信息，实体模型的展现需要专业的图形处理引擎和大量计算机图形学算法的支持。而在施工和运营阶段主要通过虚拟技术实现综合管廊的三维仿真，表面模型因渲染速度快成为最佳选择。为实现综合管廊运营系统的多途径访问，系统中 BIM 模型服务器采用 C/S 和 B/S 的结构方式。C/S 结构下采用 OpenGL 实现对综合管廊 BIM 模型信息表达，B/S 结构下采用 WebGL 实现对综合管廊 BIM 模型信息的表达，达到对综合管廊 BIM 模型的轻量化处理。

（1）基于 OpenGL 的综合管廊 BIM 模型展示。

OpenGL 是美国 SGI 公司所开发的三维图形库，在 OpenGL 中面模型是采用三角形面片来渲染的，采用三角面片来进行综合管廊面模型的动态显示可以很方便地确定模型间的拓扑关系，得到图形硬件系统的支持，采用三角面片进行模型渲染不需要对模型内部信息进行描述，大大减少了模型的渲染时间，可有效提高虚拟仿真速度。

利用 OpenGL 进行三角形面片绘制，只需要知道三角形面片的法矢和三个顶点的坐标值，减少了模型的渲染时间，图 3-11 为采用 Revit2014 软件构建的综合管廊三维实体模型，图 3-12 为采用 OpenGL 生成的综合管廊三维面模型。

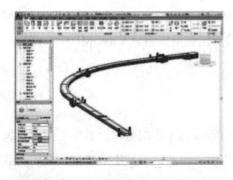

图 3-11 软件架构 Revit2014 中 BIM 模型

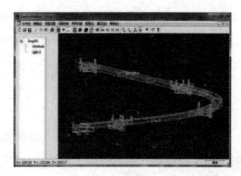

图 3-12 OpenGL 生成的 BIM 模型

另外，OpenGL 提供 glRotate 函数、glTranslate 函数和 glScale 函数，实现对管廊模型的选择、平移和缩放操作。

（2）基于 WebGL 的综合管廊 BIM 模型展示。

WebGL 是基于 OpenGLES2.0 标准的一个跨平台的用于在 Web 浏览器中绘制和渲染三维图形的 API，WebGL 结合了 JavaScript 和 HTML5 技术，利用 WebGL 技术可以在 Web 浏览器中轻松实现 3D 图形渲染而无须安装浏览器插件，轻松实现与计算机之间的图形操作交互。WebGL 同样采用三角形面片来构建三维几何模型，提供了 gl.drawArrays（参数 1、参数 2、参数 3）函数实现三角形面片的绘制。另外，为了快速实现基于 WebGL 的图形三维浏览，可以使用 WebGL 的上层框架，如 Three.js、GLGE、C3DL、OSG.JS 等，实现综合管廊三维模型的渲染和操作。

2.GIS 和 BIM 接口设计

基于云计算的中央数据库为综合管廊建设及运营提供了高性能的存储架构和数据安全保护，GIS 技术和 BIM 技术在云平台上相结合的关键是 GIS 和 BIM 之间的数据交换问题，即云平台上 GIS 和 BIM 的接口设计。

IFC（Industry Foundation Classes，工业基础类），建筑业界习惯称为 IFC 标准，IFC 标准数据文件有很好的平台无关性，现在越来越多的 BIM 软件宣布支持 IFC 标准，提供 IFC 标准的数据交换接口，这样 BIM 模型信息可以转换为 IFC 标准数据文件，以 IFC 标准格式的数据流通。

CityGML（City Geography Markup Language，城市地理标记语言）是一种用来表示和传输城市三维对象的通用信息模型，是最新的城市建模开放标准。该标准源自地理研究领域（GIS），用来存储和交换虚拟城市三维模型。但该标准对建筑的细节描述十分有限（远远不及 IFC 的详细程度）。因此需要在 CityGML 中兼容 IFC 提供的准确、详细的细节数据。2009 年，CityGML 的新扩展——GeoBIM 作为标准开始实行。通过 GeoBIM、IFC 的数据就可以进入 CityGML 中。这样可以实现 GIS 和 BIM 的数据交换。

3.4.7 数据分析评估

综合管廊运营过程中会产生大量的实时数据和非实时数据。其中，实时数据来源于综合监控子系统采集的管廊内环境质量、设备运行状态等参数，非实时数据来源于运维管理子系统等产生的管理数据。为实现管廊运营过程中实时数据和非实时数据的有效整合、分析和利用，需对上述数据进行加工处理。

1. 综合管廊现场数据到云平台数据的映射

综合管廊监控系统云平台建设的最终目的是为各个业务系统、数据挖掘、辅助支持、策略控制等应用提供数据，这必然存在监控系统实时数据库与云平台分布式数据库的通信，即将综合管廊现场监控系统实时数据库中的数据映射到云平台的分布式数据库中，由分布式数据库提供对上层应用的数据支持。

数据映射过程具体见图3-13，可分为三个步骤进行：

①将实时数据库中的数据取出；

②根据字段映射表中的对应关系，将取出的实时数据转换为分布式数据库中对应表、对应字段、对应数据类型的数据；

③将转换完成的数据插入分布式数据库中对应的表的字段。

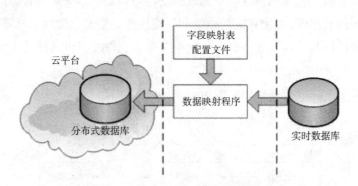

图3-13　OpenGL 生成的 BIM 模型

2. 基于云计算的数据分析技术

基于云计算的综合管廊运营管理平台汇集了综合管廊运营过程中的海量数据，对综合管廊运营过程中的海量数据进行分析，从中提取出趋势线、前瞻性的信息，对综合管廊的安全运营具有十分重要的意义。

（1）数据标准建立。

综合管廊运营过程中数据输入具有来源广泛、数据类型多样、数据量大等特点，为保证云端数据的有效性，需建立适合于综合管廊运营的数据采集体系和技术规范，以提高数据分析质量和效率，具体为：

1）名词术语标准。综合管廊运营管理平台中包含大量的名词术语，在进行数据采集时需要规范相关的名词，并进行编码。

2）数据分类标准。综合管廊运营管理平台中包含管廊主体、附属设施、入廊管线及管理人员等大量数据，建立合理的数据分类，有利于数据的存储管理和共享交换。

3）工作流程标准。综合管廊运营管理分为日常管理和应急管理，运营过程中涉及管廊主管部门、入廊管线单位、运营管理单位以及公安、消防等多部门，需对运营管理工作流程进行梳理，建立科学合理的工作体系标准，实现工作流程的数字化。

（2）数据分析及决策支持。

根据综合管廊运营管理的特点，结合国内外先进的安全运营管理技术，借助于管廊数据处理平台，将监控系统采集及现场人工监测的数据进行分层整理，建立相应的专业数学模型，对综合管廊生命周期内的数据进行整合，通过按既定策略的深层次分析，从全局角度对数据进行处理与判断，形成综合管廊运营健康诊断与安全评估数据库，提出相应的维修和保养措施。当监测数据出现异常情况时，实现智能分析研判，启动城市联动防灾应急预案，以及提供城市防灾指挥数据支持等功能。

数据分级及评估体系结构见图3-14。

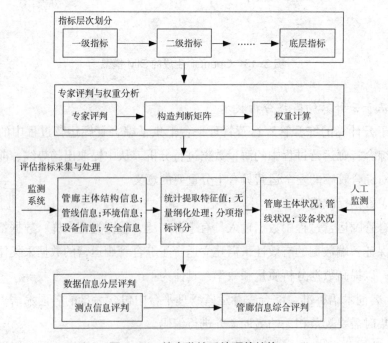

图 3-14　综合监控系统硬件结构

1）数据分级及处理

数据指标的分层：数据指标层次的划分需结合结构、排水等专业共同制定，制定过程中还需尽量收集已有项目运营维护方面存在的问题。例如，将涉及管廊主体结构及威胁维护人员安全的环境指标（CO、SO_2 气体）等划分为一级指标；将管廊内集水坑液位划分为二级指标等。

2）数据信息处理

专家评判与权重分析：对分层指标结合专家知识，构造判断矩阵，对指标参数设置合理的阈值。

评估指标采集与处理：由监控系统及人工定期巡检对管廊内运行数据进行收集整理，数据存储于综合管理数据库平台，并对数据进行无量纲化处理，建立分项指标评分。

数据信息评判：对管廊内数据进行分层判断，生成不同的报表，对管廊运营维护管理提出合理的建议。

3.4.8　系统访问

综合管廊云运营管理系统的数据安全级别多，既包括管廊内一般性的温湿度等参数，也包括关系到运营安全的空气质量、管廊结构体健康等参数以及来自不同管线单位的入廊管线运行数据，同时平台还要接收来自各种移动智能终端的访问请求。

综合管廊云运营管理系统的安全措施可以从服务端和客户端两个方面着手，服务端的安全可由云平台安全访问控制策略来实现，客户端的安全可以通过建立有效的访问机制来实现。基于角色映射的访问控制模式是目前已经比较成熟的访问控制方式，用户对云平台上综合管廊信息的访问首先要通过云门户身份认证并经过访问控制模块决策，将其映射到一个对应权限的平台用户权限，通过映射的用户实现对综合管廊资源的访问和管理。

第 4 章　综合管廊智能化建设内容

在智慧城市的顶层设计下，针对城市发展水平不均衡性的问题，采取技术贯通、业务融合、机制模式等不同层次策略。根据"政府引导、市场运作、社会参与"的总体思路，从综合管廊规划、建设、管理、维护、运营工作的全生命周期过程，运用信息化技术手段，及时建立地下综合管廊信息化管理体系，实现对综合管廊的全方位管理、管廊资料管理、数据更新维护、决策支持、运行监控、事故预警、事故处理、管廊维护。通过地上地下一体化的管理和开发，大幅提高城市地上地下空间结构不断增长、变化过程中的土地集约化综合经济效益。探索 PPP（Public-Private Partnership）模式，促进公共政府部门与民营企业合作，推动"互联网＋"与城市综合管廊进一步结合，创新城市综合管廊的运营，为地方政府财政和企业带来持续性运营收入，构建一个以服务居民为核心、多方互惠的智能管理和服务模式，进一步提升城市的智慧化服务水平。

城市综合管廊信息化建设，可结合物联网、云计算、大数据、三维建模、地理信息、移动通信等科技前沿技术及手段，全面实现对综合管廊的智能化管理与安全自动预警，实现综合管廊勘察设计、施工、运营维护各阶段的可视化、精细化和智能化，助力城市地下综合管廊的快速发展。

4.1　综合管廊大数据建设

通过建立综合管廊自身与地面设施的拓扑关系，基本实现城市地下地上"一张图"管理。充分使用城市基础地理数据，将常态数据与非常态数据结合，将历史数据与现实数据相结合，建立管廊综合数据库，包括管廊空间数据、管廊业务数据、管廊 BIM 建模数据和应急指挥数据等内容。

平台层：为大数据存储和挖掘提供大数据存储和计算平台，为多区域智能中心的分析架构提供多数据中心调度引擎。

功能层：为大数据存储和挖掘提供大数据集成、存储、管理和挖掘功能。

服务层：基于 Web 和 OpenAPI 技术提供大数据服务。

4.2 综合管廊智能平台建设

管廊中使用的设备种类多、数量大，且需要定期检修和维护，以保证管廊的正常运行。一系列功能均应融合在统一管理软件平台，并部署在统一指挥中心，以提醒管廊运行维护人员定期对设备检修或更换备品备件，实现统一的设备维护及管理。操作员也能够在管廊综合管控系统中根据需要查询到任何一个设备的相关信息。如：管道养护、制定养护计划、现场巡查管理、养护报告收集、养护完成情况统计、历史资料汇总查询、养护统计上传、积水点管理、排放点管理等；管廊使用的所有设备的厂家、型号、采购日期、检修记录等信息的存储分析；设备运行时间、设备故障时间、设备运行时的报警和故障分析等。

4.2.1 基本要求

综合管廊智能平台应适应综合管廊的管理模式，满足监控管理、数据管理、安全报警、应急联动等需要。把综合管廊监控与报警各系统集成为一个相互关联和协调的综合系统，实现各系统统一管理、信息共享及联动控制。

综合管廊智能平台应该具备与各专业管线单位信息共享的功能，具有可靠性、安全性、先进性、易用性、易维护性和可扩展性，并顺应物联网、建筑信息模型（BIM）、地理信息系统（GIS）等技术的发展方向，满足智慧城市的建设要求。

采用地理信息、物联网、BIM等技术，全面探明、查清地下综合管廊分布情况，获取管廊内部各类运行数据，进行综合分析处理和运算，全面掌控管廊内部运行状态，构建集智能感知、精确定位、三维建模、预警监控、专业分析、应急救援、BIM应用等内容于一体的智能综合管廊。

（1）智能感知综合管廊内集中放置了燃气、给水、热力等各种地下管线，为了充分保障管廊的安全运行，可通过监测综合管廊环境，实现管廊环境的实时监测。主要涉及管廊内的温湿度监测、氧气监测、水位监测等。

（2）精准定位综合管廊的空间信息是否完备准确，位置是否精确，对于规划、设计、施工都至关重要。通过管廊测量的准确定位，有助于提升管廊数据的管理和动态更新能力。

（3）三维建模系统可对管廊通道、管廊舱体、管网等综合管廊实体进行三维实体建模，为三维数据的可视化表达与分析提供基础支撑，可广泛应用于管廊的规划、设计、调度和施工等方面。

（4）预警监控通过固定点监测和人工巡查等方式，处理辨识出风险因子数据库，保障综合管廊的安全运营。将结果与预警等级进行对比，通过基于地图的空间展示，实现了预警数据可视化，及时通过人工或自动监控程序进行风险预警。

（5）专业分析系统可实现日常管理情况下的断面、净距、开挖、碰撞等专业分析，以及应急处置情况下的火灾、事故抢险等专业分析。

（6）应急救援根据综合管廊运营应急预案，开发"天、地、人、物"一体化技术体系和系列终端，满足施工记录、应急指挥、应急疏散、灾害救援、应急协同、辅助决策等要求，科学、快速地处置事故。

（7）BIM应用系统可应用于项目规划、勘察、设计、施工、运营等各阶段，实现基于同一多维建筑信息模型基础的数据共享，实现方案模拟、规划设计、管线综合、运营维护等各方面应用，为项目全过程的方案优化和科学决策提供依据；支持各专业协同工作、项目的虚拟建造和精细化管理。

综合管廊智能平台可采用"浏览器—服务器（B/S）"、"客户端—服务器（C/S）"的系统架构。平台设置应符合下列规定：

（1）应包括操作系统、数据库、平台应用程序及信息通信接口；

（2）宜选择基于TCP/IP协议的管理层网络；

（3）应设置有效抵御干扰和入侵的防火墙等安全措施；

（4）应配置计算机工作站、服务器、存储设备、网络设备、打印机、不间断电源等设备；

（5）可配置大屏幕显示系统，大屏幕显示系统设计应与视频监视系统等协调。

综合管廊智能平台信息通信接口包括：与监控及报警系统各组成系统的通信接口、与相关管理部门及各管线单位的通信接口。统一管理平台的信息通信接口要具有兼容性，采用标准的接口形式，协议应采用标准协议或公开的非标准协议。

综合管廊智能平台服务器宜采用双机热备或容错系统，应支持多用户同时操作，并应具有权限管理功能。

综合管廊智能平台应具有监视监测功能、控制功能、报警管理、趋势分析、报表生成及打印、权限管理、系统组态、档案管理、应急方案预设、运维管理、系统维护和诊断等基本功能，并具备综合处理能力，实现监控与报警系统各组成系统之间的跨系统联动。

综合管廊智能平台人机界面应符合下列规定：

（1）应通过友好完善的监控界面对各系统、设备的状态、参数进行监视，并对必要系统、设备进行远程控制；

（2）对各类报警分级提供画面和声光警报；

（3）对应急方案进行显示。

综合管廊智能平台与专业管线单位的信息共享内容应包括：

（1）监控与报警系统监测到的与各专业管线运行安全有关的环境信息；

（2）专业管线单位监测到的本专业管线会影响到人身安全、管廊本体安全、其他专业管线安全的信息。

4.2.2 平台架构

管廊综合管控方案中将利用到大量的最新的软硬件技术，包括设备监控技术、物联通信技术、智能终端技术、数据中心技术、智能报表技术、数据挖掘分析技术、数据仓库技术。提供统一的数据存储平台，并在大数据的基础上，应用数据挖掘技术实现智慧决策（图4-1）。

综合软件平台采用分布式结构，各子系统分别为：分布式光纤传感系统、光纤光栅传感系统、数据记录系统等共享数据库（图4-2）。

综合管理软件平台提供组态、电子地图、AR场景等多种可视化监控方式（图4-3），具备数据存储、设备管理、远程控制、报警提醒等功能，具有"集成管理、分布式控制、全面监控、安全联动、监控组态"等众多特色。

4.2.3 功能展示

1. 设备控制

设备控制功能主要包括：设备控制、循环控制、最佳启停、趋势运行记录、异常报警灯。以下为当前系统已实现的功能界面，对管线的数据采集，以及设备运行状态做了直观的展示（图4-4 ～图4-7）。

2. 设备维护

提供设备的设备部件和设备参数、设备文档的管理；可处理各种设备变动业务，包括原值变动、设备状态变动、安装位置调整等变动。实现设备信息共享、风险管理（图4-8）。

3. 视频管理

视频管理主要包括视频画面的基本设置、视频画面的调整与控制、视频回放（图4-9）。

图 4-1　综合管理平台架构图

4.告警管理

当设备出现异常时，平台可根据配置给相关人员发送告警短信、拨打告警电话、发送告警邮件，后台产生一条异常记录。系统提供异常的查询、导出与处理（图 4-10）。

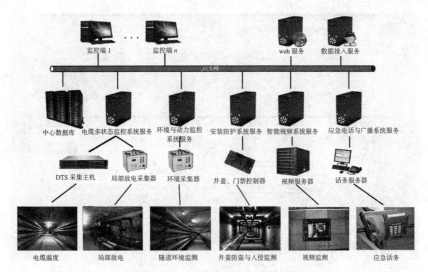

图 4-2 综合管理平台拓扑图

图 4-3 综合软件平台

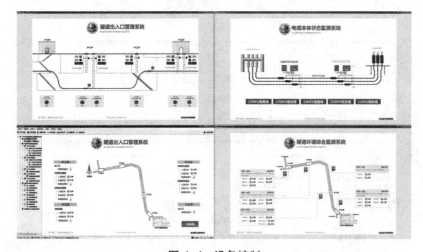

图 4-4 设备控制

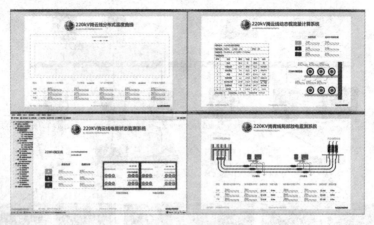

图 4-5　管线监测 1

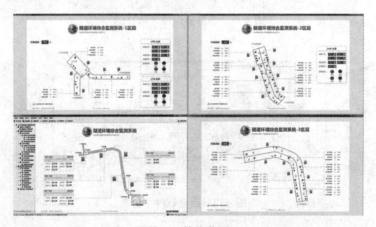

图 4-6　管线监测 2

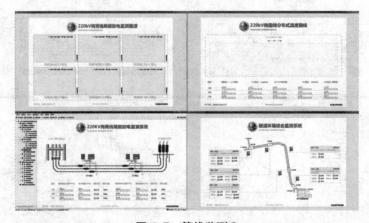

图 4-7　管线监测 3

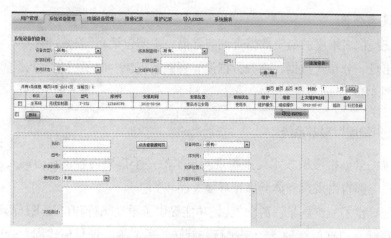

图4-8 设备维护

图4-9 视频画面的调整与控制

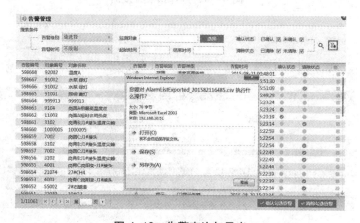

图4-10 告警查询与导出

5. 报表分析

系统提供多维度的历史数据查询与导出。主要包括：开关量、模拟量、状态量、中继输出量、分布式数据、视频数据流、音频数据流、电子门禁等数据类型（图4-11～图4-13）。

4.2.4 三维虚拟漫游系统

三维场景虚拟漫游技术是虚拟现实技术的一个重要内容，它通过人机交互，使得用户能够自由观察和体验虚拟环境（图4-14）。

系统提供了三维场景漫游功能，该功能提供了手动飞行和自动飞行两种模式。手动飞行就是根据鼠标的滚动来爬行、旋转、后退等，场景模式同CS。在飞行过程中，管道沿线的传感器及当前的参数会实时展现。

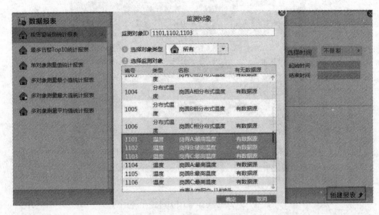

图 4-11 选择报表维度

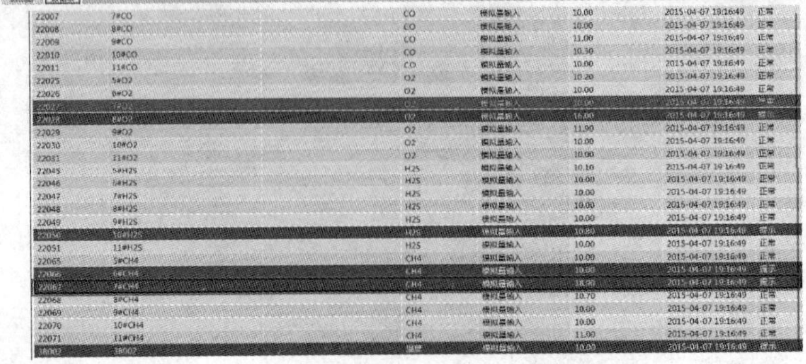

图 4-12 报表展示 1

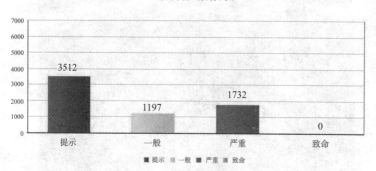

图 4-13 报表展示 2

事件数据报表

	提示	一般	严重	致命	总计
岗青A:最高温度	448	157	519	0	1,124
岗青B:最高温度	1,528	0	591	0	2,119
岗青C:最高温度	1,536	1,040	622	0	3,198
总计	3,512	1,197	1,732	0	6,441

打印日期：2015/11/12　　　　　　报表时间范围：　　　　—

图 4-14 三维场景

4.2.5 AR 增强技术

通过 AR（增强现实）技术还原现实、超越现实，实现综合管廊隐蔽工程穿透式地下数据查询与展现，使得城市地下地上信息一体化（图 4-15）。人在地面上感觉像在管廊内，景随人动。

图 4-15　AR 展示

4.3　综合管廊智能化建设案例

4.3.1　上海

第一条网络化城市市政综合管廊工程建设——安亭新镇综合管廊工程：

按照中共中央、国务院《关于促进小城镇健康发展的若干意见》（中发〔2000〕11 号）的精神，以及上海市委七届六次全会提出的"中心城区体现繁荣繁华，郊区体现实力水平"的要求，实施以新城和中心镇为重点的城镇化战略，加快郊区城市化步伐。为此，制订上海市促进城镇发展的试点意见，明确在"十五"期间，根据上海市国民经济和社会发展的总体要求，将要实施重点突破、有序推进的城镇发展方针，努力构筑特大型国际经济中心城市的城镇体系。经研究，上海市政府决定市重点发展"一城九镇"，即：松江新城以及朱家角、安亭、高桥、浦江等九个中心镇。试点工作要立足 21 世纪，借鉴国际成功经验，实现高起点规划、高质量建设、高效率管理，建设各具特色的新型城镇。在新城镇的开发过程中，将综合管廊作为重要的市政配套工程进行重点建设。由上海市房屋土地资源管理局实施了我国新镇居住区的综合管廊系统，全长 6km，该工程建设的目的在于探索新城区综合管廊建设的经验，如图 4-16 所示。

安亭新镇综合管廊工程呈"日"字形平面布局，服务于安亭新镇一期 2.5km²范围内，是国内第一条网络化综合管廊工程，解决了综合管廊间相互交叉的空间布置技术难题。

同时，在上海市科委、上海城乡建设和管理委员会的资助下，结合示范工程建设，开展了"新城镇居住区综合管廊工程建设与管理模式研究"，结合工程建设作了多方面探索，初步提出了共同沟技术标准和规范、投融资、纳管及运营管理机制，为推广共同沟建设，提供了技术方面、管理方面的成果和实例，同时，也为今后正式制定共同沟建设技术标准、管理规范，提供了依据。

图 4-16　上海安亭新镇综合管廊

第一条预制装配城市市政综合管廊工程建设——世博会综合管廊工程：

为了建设好上海世博园区，2004 年启动了《2010 年上海世博会园区地下空间综合开发利用研究》工作，确定了世博会园区地下空间开发的五大原则：地面地下协调开发、相互衔接、综合利用；与园区的总体规划一致，与园外设施协调衔接；以人为本，展示未来城市生活，体现艺术品位和文化素养；同时满足世博会与后世博会期间功能需要；符合有关法律和政策要求，强调经济性和技术可行性。

根据《2010 年上海世博会园区地下空间综合开发利用研究》成果，提出在园区内"市政设施地下化"：新建的雨污水泵站、水库、垃圾收集站、雨水调蓄池、变电站及部分燃气调压站等市政设施，采用地下式或半地下式形式。世博园区内所有市政管线入地敷设。

为满足世博会办展期间市政建设需要，优化和合理利用地下市政管廊空间，同时兼顾世博园区后续开发，减少市政设施重复建设量及避免主要道路开挖，提高市政设施维护及管理水平，在世博园区率先建设了国内第一条预制拼装综合管廊，综合管廊收纳沿途的通信、电力、供水管线。

在"十一五"国家科技支撑计划项目"城市市政管网规划建设与运营管理关键技术研究与示范"的"城市市政工程综合管廊技术研究和开发"课题（2006BAJ16B07）资助下，结合上海世博会园区综合管廊示范工程，开展创新工作，提出了明挖预制拼装法的建设工艺。预制拼装法的主要工作量是在工厂内进行预制构件的生产以及在现场的构件拼装，其主要优点是构件质量有保证、外观整洁、混凝土密实性好、有利于结构的自防水。同时，每段构件之间通过预压应力的作用，保证止水橡胶圈的防水性能。由于每节长度较短，更有利于防止不均匀沉降，适应性较好。

此外，结合综合管廊工程建设，上海市还在综合管廊的管理办法、科技创新、规范编制等方面走在全国前列，如率先制定了国内第一部地方法规：《中国 2010 年上海世博会园区管线综合管沟管理办法》；完成了国内第一部地方技术标准：上海市工程建设规范《世博会园区综合管廊建设标准》DG/TJ 08-2017-2007 及《城市综合管廊维护技术规程》DG/TJ 08-2168-2015。

4.3.2 南京

作为"十三五"规划，国家战略百大工程的地下城市综合管廊项目建设大幕已全面拉开。地下综合管廊被称为城市的"血管"和"神经"，将电力、通信、给水、燃气、垃圾真空管等多种管线集中设置在同一地下空间，是城市重要的基础设施，实现安全、高效运营管理，地位举足轻重。综合管廊智慧化建设贯穿于设计、施工、运营全生命周期。设计阶段：智能化设计理念纳入设计，时时接收设计图纸及 BIM 模型；施工阶段：BIM 深度建模，在此基础建立 GISXPS 和 RS 模型；运营阶段：维护、运营 BIM+3S 系统并实现可视化安全高效运营管理。

工程概况：

南京江北新区综合管廊二期工程，包含江北新区核心区及其周边地区的 18 条路段下的综合管廊以及已建江北新区综合管廊一期中的未完及需升级改建部分的投融资及建设，全长约 53km，其中：干线综合管廊 31.29km，支线综合管廊 22.12km。建设的主要内容为：既有管线改迁、交通导改、土方开挖、地基处理及支护、盾构（顶管）施作、管廊本体及排水、消防、通风、电气、监控（含监控中心）道路及绿化恢复等工程。管廊容纳电力、通信、给水、中水、空调热力管、燃气、污水、雨水、真空垃圾管等管线，各道路下建设综合管廊根据管线种类布置管廊舱室，管廊舱室分为单舱、双舱、三舱和四舱。

项目各阶段实施方案如下。

1. 设计阶段

提供多方参与的云端协同管理平台；提供 BIM+3S 建模与交付标准；建立 BIM+3S 模型文件入库审批流程；根据展示需要，提前建立样板段 BIM+3S 模型；实时接收和管理设计院图纸和 BIM 模型。

（1）模型管理

支持 Tekla、Revit、ArchiCAD、Bendey 等主流软件建模的 BIM 模型文件、GIS 地理场景模型以及 RS 模型，具有强大的兼容性；支持批量导入模型文件；平台能够实现模型三维渲染；平台能实现构件属性编辑，支持用户对三维模型构件的属性进行编辑修改等操作；可实现批量导出构件清单、构件属性清单，并能够给出属性信息的统计分析；能够针对属性数据进行设备、材料数量统计分析。

1）场地现状仿真。操作方法：依据场地现状进行三维模型搭建，搭建周边环境、施工场地模型，对项目过程中的各个阶段进行模拟，为前期规划设计提供可视的数据支持。应用效果：三维场地仿真更加清晰直观，塔吊等现场机械与实际尺寸按 1：1 仿真，直接显示实际的工作方式。

2）管线搬迁管理。操作方法：针对重要阶段施工期间的设备使用和空间占用情况，结合设计模型和场地现状模型，制定各阶段场地使用情况模型，最终生成管线搬迁与交通疏解计划书，并形成最符合实际的设计方案。

应用效果：取代传统的平面图或效果图，形象地表现出管线布设及需要搬迁的位置，并模拟出方案，让业主及相关责任方能全方位地了解搬迁，促进各方的顺畅沟通，大大地提高沟通和解决问题的效率。

（2）三维漫游展示

基于 BIM+3S 数据库，实现管廊内部虚拟现实漫游和查询等功能；能够对漫游速度、旋转速度、爬升速度、俯仰速度和渲染阈值等进行设置；能够在三维图形平台中通过自定义关键词快速检索构件并高亮显示构件；完成展示中心大屏幕和计算机系统建设，通过 BIM+3S 模型定位，可三维展示漫游点情况和信息；完成项目对外展示网站建设，基于 BIM+3S 数据库，实现项目总揽以及施工实施、监控和运维过程展示等功能。

（3）用户权限

对系统用户以及对系统功能操作权限进行管理；各部门管理员录入部门人员信息，并设置可以使用的功能点，也可设置用户角色和组织；系统仅允许系统管理员对相关信息进行修改，且每次修改均由系统进行记录。

（4）档案管理

平台支持搭建文件流转、文件审批流程，实现一体化办公，能对文件审批状态查询，具备来件提醒功能；能对规范、标准、图纸、方案、会议纪要等文件资料实现共享，可根据权限在系统上查看或下载文档资料，可将验收记录等文件关联到模型附件；通过建立文件与 BIM+3S 模型的网状关联关系，用户能够快速检索与构件（设备）关联的文档，同时也能快速查找与文档关联的构件（设备），提高 BIM+3S 模型和文件的应用价值。

（5）辅助输出图纸

基于 BIM 模型的全专业的二维出图：在综合管廊项目全过程设计中，由于基础设施施工企业水平的差异，交付成果时将模型转换为传统的二维图纸仍是过渡期不可缺少的工作。相较于传统的 CAD 出图，Bentley 综合管廊出图不仅可以支持二维平、立、剖面展示，并配以 3D 模型清晰显示内部构造，对复杂节点施工具有积极的指导意义。一方面提高了出图质量，另一方面也提高了出图速度。

2. 施工阶段

施工 BIM+3S 模型创建；BIM+3S 动态施工管理；创建管廊 BIM+3S 应用技术标准、质量检验标准、成检表格。

（1）施工 BIM 建模

管廊施工图深度建模：施工场地模拟，交通疏散及管线迁改，施工方案模拟，三维技术交底，自动放样定位，模型维护更新。施工场地模拟：管廊周围环境、施工场地建模，明挖施工模拟，盾构施工模拟，机械碰撞模拟；交通疏散及管线迁改：基于 BIM+3S 模型，可视化模拟现状环境、道路及周边管线，预先观察到交通疏解、路面拆除、管线布置方案是否合理，同时保存方案数据，作为后续工作的依据；施工方案模拟：施工阶段 WBS 架构划分及模拟，挖掘机械与支撑系统空间位置，支撑系统与结构主体位置碰撞，结构钢筋之间位置碰撞，标准段与节点空间位置碰撞，预埋件与管线和主体位置碰撞，管线与管线之间碰撞，盾构机与工作井空间位置碰撞；三维技术交底：基坑围护，地基处理，管廊标准段主体施工，管廊节点施工，管廊基坑回填施工，管廊管线入廊施工三维技术交底；自动放样定位：将施工 BIM 模型导入放样软件进行放样点创建，基于 BIM+3S 数据库，采用放样机器人，通过发射红外激光自动照准，实现自动放样；模型维护更新：在施工过程中全程跟踪项目，根据设计变更同步维护和更新模型，使模型始终与真实的建筑保持一致，并在施工完成后提交竣工模型。

（2）GIS信息建模

创建二三维一体化GIS模型，提供地图显示和定位功能；提供专业GIS分析功能，包括距离量测、面积量测、空间查询、沉降分析和变形分析等；地图显示：包括矢量地图显示和卫星地图显示，真实展现工程涉及范围内的地形、地貌等特征；通过GPS和WIFI定位技术实现廊内廊外一体化定位。

（3）RS信息建模

RS（遥感）模型，提供影像一张图和管廊周边环境变换信息提取；影像一张图：采用高分辨率光学卫星、遥感雷达生成的影像对管廊建设区域进行覆盖监测，为管廊施工规划和管理提供可视化的影像服务；通过监测管廊及周边的狭长地带，对环境变化及影响进行评估。

（4）质量安全管理

安全标识标牌、现场防护措施和防护设备的模型创建，安全标识标牌模型创建，现场防护措施模型创建，现场防护设备模型创建；系统支持现场管理人员进行"按图钉"操作，在三维模型中快速标记有质量问题、安全隐患的构件，用于记录巡检过程中发现的施工质量问题、安全隐患问题；允许用户在移动端上拍摄现场问题照片，并能够保存、上传与三维模型链接相关的照片，添加质量问题的文字描述；平台能够按周、月、季度导出施工质量统计表，作为后续考核的指标。

碰撞检查。操作方法：把建好的各个模型在碰撞检查软件中检查软硬碰撞，并出具碰撞报告。应用效果：能够消除软、硬碰撞，优化工程设计，避免在施工阶段可能发生的错误损失和返工的可能；能优化管线排布方案（包括临设的管线布置方案）。

1）通过数据直接输出碰撞结果，包括专业、数量以及位置。在管廊出入孔布线的应用不管是在设计还是施工阶段应用效果都非常突出。

2）通过对各区域的空间碰撞检讨，优化空间利用率，以及保证施工空间。

（5）进度管理

将BIM模型与进度计划数据相关联，在平台中显示3D模型的动态变化，对工程进度进行模拟、分析和管理。操作方法：根据三维按WBS架构细分的模型，把工程量清单编码规划导入模型构件中，实现计量计价的实时提取。应用效果：能够快速、准确地进行月度产值审核，实现过程三算对比，对进度款的拨付做到游刃有余；工程造价管理人员可及时、准确地筛选和调用工程基础数据。

（6）成本管理

将 BIM 模型与进度计划数据、价格数据相关联，对每个月、每一周所需的项目成本进行模拟、分析和管理；可快速预测按照当前进度计划安排和价格在整个项目周期内的投资情况（包括计划投资、实际投资、累计投资等），分析阶段和整体投资分布，合理安排资金，降低工程成本。

（7）资源管理

平台可实现对设备材料到货计划管理，设备详细参数信息管理，设备材料状态管理和库存预警；BIM 模型中构件二维码的编码规则；平台基于 BIM 系统提供二维码制作，通过统一编码规则打印并生成构件二维码图片，实现可追溯管理。

3. 运营阶段

实现数据化：管廊管线、设施设备、运营维护；智能化：实时监测、视频监控、设备控制。为实现运营阶段的数据化、智能化，平台分四层架构设计：数据采集与设备控制层：采集感知传感器实时数据、设备状态信息、视频信息，同时智能设备执行远端平台控制命令；传输层：在管廊空间部署有线无线一体化组网，将智能网关采集的信息，上传到平台层；平台层即云平台：数据由云平台处理与分析，包含 BIM 模型、GIS 地图、GPS 定位、RS 遥感等功能组件；应用层：部署全景展示、实时监测、设备控制、报警应急、指挥调度、移动巡检、统计分析等应用，满足实际场景需求。

（1）GIS 展示。展示管廊全貌、定位管廊信息、沉降监测分析。

（2）BIM 展示。基于 BIM 数据库，展现管廊、管线模型。

通过虚拟管廊，身临其境地体验管廊效果和细节。

通过设施设备 BIM 模型，查看设备信息、状态。

（3）综合监控。通过在综合管廊中设置各种传感器，进行多传感器融合集成监测，确保管廊运行安全，远程控制灯光、门禁、风机、水泵等通过有线和无线组网方式，在管廊内部、外部、出入口等关键区域部署视频监控系统。

（4）报警应急。当监测数据超过阈值，系统报警，并将信息推送到负责人，启动应急预案，运营维护人员通过 GIS 定位，确定附近摄像头，远程查看报警现场。

（5）设备管理。有序管理空间信息、管线信息、设施设备信息。

（6）运维管理。对设施设备全生命周期进行有效管理。

（7）统计分析。将监测信息、基础信息、报警信息、维保信息等，进行统一的分析处理，支撑管理决策。

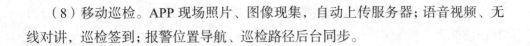

（8）移动巡检。APP 现场照片、图像现集，自动上传服务器；语音视频、无线对讲，巡检签到；报警位置导航、巡检路径后台同步。

4.3.3 青岛

青岛高新区建设的国内最早、规模最大、线路最长、体系最完整的地下综合管廊早已声名远扬。2016 年 10 月，在北京国际会议中心召开的 2016 中国国际地下管线大会上，青岛高新区地下管廊"智慧管廊运维综合管理平台"获评"最智慧"称号。

高新区从 2009 年就开始规划建设综合地下管廊，是国内规模最大的地下管廊工程。目前，管廊控制实现了全方位智能化。在青岛高新区地下综合管廊的管线中，暖管上方专门设置了感温光缆，一旦出现暖气管网破损泄漏，感温光缆就会感知到空间内温度变化，实时信息传递到监控室内做出警示。同时，地面的积水坑也有感应设备，自来水管网内的压力下降，地面的积水达到一定的感应线，也会向监控室发出预警信息。管廊内的灯光、水泵都可以在监控室操作。如果管廊的某段出现事故，工作人员可以通过监控室开启水泵、消防设施，甚至开启排风系统改善环境后，工作人员可进入抢修。

此外，综合管廊内还布置了监控设备，共有 200 多个摄像头以及近 400 个消防报警装置分布在管廊内，工作人员可以通过监控中心查看管廊内情况，实现了无人值守。

青岛智慧管廊综合管控平台实现以运用物联网、云计算技术的管廊、管线、设备管理，大数据与商业智能的运维管理为两大核心支撑体系，将分散的设备数据转换为系统的管理数据，变被动式运维为主动式运维，结合业务特征，在云端策略及经验库的指导下，实现对管廊的统一管理和优化控制，打造智慧的"城市生命线"，并且运用平台战略在管廊全生命周期过程中持续为业主提供增值服务。

其中平台包括综合展示、实时监测、数据分析、应急指挥四大核心系统，另外配备入廊收费、生产运维等模块系统，实现对管廊的全生命周期的管理。系统中七大特色功能为：管廊管理可视化、检修维护自动化、安全监管精细化、管廊监管一体化、应急响应智能化、数据接入标准化、数据分析全局化。

1. 设计特点

（1）业务流程的统一整合

管廊是一个综合建筑体，包含众多的复杂的业务流程，包括智能监控、管网运行、设备维修、应急作业、运维调度、隐患管理等，这些业务流程通过业务流数据接口统一整合到华高智慧管廊综合管控平台。

（2）软硬件新技术融合

智慧管廊综合管控平台中将利用到大量的最新的软硬件技术，例如设备监控技术、物联通信技术、智能终端技术、数据中心技术、智能报表技术、数据挖掘分析技术、数据仓库技术等。

（3）数据集成与智慧决策

智慧管廊综合管控平台是一个数据集成与智慧决策系统，包括大量的、多种类的数据集成，保证数据的完整性，各系统之间的数据关联性，利用专家库实现知识挖掘，利用大量的预案实现智慧决策。

（4）系统的开放与扩展

由于管廊系统管理设备众多，监控内容庞杂，系统规模逐渐扩大，由现场监控系统到区域分监控中心到主控中心各层级逐步建设，因此对系统的开放性和扩展性要求很高，智慧管廊综合管控平台系统架构可灵活配置、监测设备可灵活配置、外围系统接口可灵活添加修改、功能模块可灵活添加、网络层级可延伸扩展等。

2. 应用优势

（1）可视化应用管理

利用三维技术对管廊仿真分析，将三维地理信息、设备运行信息、环境信息、安全防范信息、视频图像、预警报警信号、巡检信息等内容进行融合，统一在三维可视化平台进行集中展现，实现综合管廊的一体化的立体监控和调度。

（2）智能数据分析

构建更加简单的多态交换界面，基于人工智能、机器学习技术建立能耗与设备评估体系，提前发现并及时解决设备运行效率、用能隐患等问题；通过大量数据积累，运用云计算技术辅助多维度分析的数据报表，方便用户进行管理决策。

（3）丰富的数据模型

可根据管廊内部不同管线的类型及管线材质，实现给水、供热、燃气等多方面的数据分析模型。实现泄露分析、管储分析、关阀分析、联通分析、污染物扩散模拟、水龄分析等各种数据逻辑模型的动态展示。

智慧管廊管控平台，能够实现全方位的安全管控体系，实现人防、物防、技防三防合一，能够将安全管理做到事前控制、事中管理、事后核查。将系统中视频监控、红外防入侵系统、气体探测器、人员跟踪定位有机结合为一体确保下廊人员安全，同时在系统内可设置移动巡检、日常运维等管理，根据管廊内部管架、阀门法兰、膨胀弯等重点部件及介质实现专项检查，实现风险防控科学管理。

4.3.4 十堰

十堰管廊作为全国首批 10 个管廊建设试点之一，管廊智慧运维管理平台建设秉承"安全""智慧""绿色"的理念，目前已达到全国的领先水平，为后续管廊的正式运营奠定基础。

十堰市综合管廊智慧运维管理平台全称是综合管廊报警与监控系统管理信息平台，是基于 SOA 架构理念，利用"云计算、物联网、大数据、GIS、BIM"等技术，对地下综合管廊的设备运行、巡检维护、日常值守、应急指挥、数据分析、出入审批、管理考核和服务保障等业务实现智慧化统一管理，达到设备设施标准化、巡检维护高效化、资源利用集约化的管理目的，作为"城市生命线"的可视化智慧防控平台。

1. 平台架构

综合管廊智慧运维管理平台整体采用 SOA 架构，采用"浏览器 - 服务器（B/S）"与"客户端 - 服务器（C/S）"架构进行访问，对各个子系统进行模块化管理（图4-17）。

图 4-17　平台架构

2. 平台特点

如图 4-18 所示。

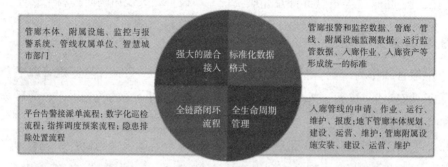

管廊本体、附属设施、监控与报警系统、管线权属单位、智慧城市部门 — 强大的融合接入 — 标准化数据格式 — 管廊报警和监控数据、管廊、管线、附属设施监测数据，运行监管数据、入廊作业、入廊资产等形成统一的标准

平台告警接派单流程；数字化巡检流程；指挥调度预案流程；隐患排除处置流程 — 全链路闭环流程 — 全生命周期管理 — 入廊管线的申请、作业、运行、维护、报废；地下管廊本体规划、建设、运营、维护；管廊附属设施安装、建设、运营、维护

图 4-18　平台特点

3. 平台优势

（1）可视化的应用平台

GIS+BIM 图形可视化、巡检维护派单流程可视化、应急指挥调度可视化、资产全生命可视化。

（2）强大的接入集成能力

设备与环境监控系统，安全防范系统，通信系统，消防火灾系统，音频、视频、数据系统，兼容不同厂家不同设备。

（3）SOP 标准化设计

具有监控标准流程化（SOP）设计、运维标准流程化（SOP）设计、应急标准流程化（SOP）设计。

4. 业务功能

（1）日常值守

日常值守主要为控制中心及其相关单位服务，包括综合监控管理功能、实时告警一览表功能、历史告警查询功能、视频监控查询功能、人员定位轨迹刻画功能、工单进度查看功能、公告信息发布功能、大屏场景管理等功能（图 4-19）。

（2）巡检维护

巡检维护业务的应用功能主要由廊体检修、管线检修及附属设施维护三大部分组成，重点实现巡检工作可视化、规范化、流程化、模块化。包括巡检计划功能、巡检预案功能、地表巡检功能、设备巡检功能、廊内巡检功能、巡检登记功能、巡检记录分析功能、巡检报告功能、入廊作业申请功能、人员定位联动功能、工单闭环管理功能、维护工单状态功能、工单流程追踪功能、案例统计管理等功能（图4-20）。

图4-19 综合管廊智慧运营管理平台——日常之手

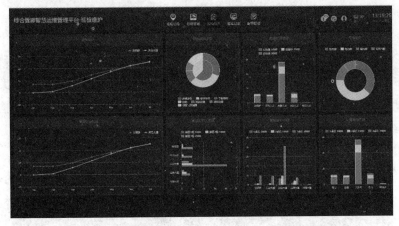

图4-20 综合管廊智慧运营管理平台——巡检维护

（3）监测预警

对综合管廊的完整性监测预警，主要包括监测看板功能、实时监测功能、总览视图功能、分区工艺视图功能、实时数据一览表功能、组态工艺图功能、硬件状态监视功能、硬件监控图组态功能、设备联动配置功能、报警预案管理功能、历史数据查询功能、历史趋势查询功能、预警规则配置功能、预警预测演示等功能（4-21）。

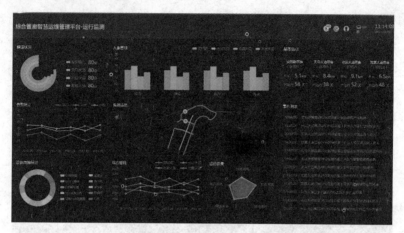

图 4-21　综合管廊智慧运营管理平台——运行监测

（4）安全管理

安全管理采用网格化管理进行安全隐患排查，包括安全隐患内容功能、安全信息管理功能、安全隐患排查功能、安全事件报警功能、工作提醒功能、节假日表单功能、预案管理功能、工作流定制等功能。

（5）应急指挥

突发事件下的基于预案的指挥调度，采用结构化模型的方法对预案进行信息化管理，包括应急地图查看功能、应急报警功能、应急保障功能、应急预案功能、指挥调度功能、应急联动功能、应急模型功能、效果评估功能、事件归档功能、演习演练功能、外部联络功能、信息发布等功能（图 4-22）。

图 4-22　综合管廊智慧运营管理平台——应急指挥

（6）行政管理

行政管理的应用功能包括知识库管理、用户管理、入廊管线产权单位管理、入廊作业审批管理、值班日志、绩效考核、办公联络等功能。

（7）GIS+BIM

在 GIS 地图上显示管廊名称，可查看管廊 BIM 模型，在 BIM 模型上直观查看各类设备设施的位置和数量，直观展示各类监测数据，建立基于空间可视化的工程精细化、透明化、实境化新型运维管理模式，达到"图上看、网上管、地下查"，从而实现地下管廊的资源动态监管（图 4-23）。

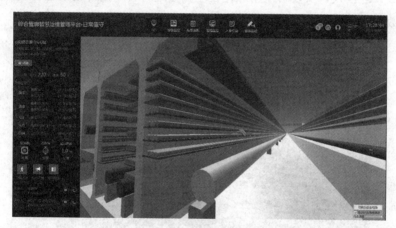

图 4-23 综合管廊 BIM 模型

（8）APP 应用

APP 应用，可实现设备巡检、人员定位、接派流程、信息回传、二维码扫描、协同办公、集群对讲、视频对讲、拨号通话、SOS 一键报警等功能（图 4-24）。

图 4-24 综合管廊 APP 应用

4.3.5 呼和浩特

呼和浩特市丁香路综合管廊工程，北起东郊变电站南至滨河北路，全长4.74km，总投资9.75亿元。工程于2014年5月开工建设，2015年10月主体工程全部完工，并于2015年12月完成了电力电缆的入廊工程。管廊共分为综合舱及电力舱，双舱平行布置。综合舱纳入四类管线：电力电缆、给水管、直饮水管以及通信光缆。

综合管廊监控系统丁香路综合管廊设立监控中心，可以采集数据、搜集信息，改变粗放管理模式，实现科学精细化管理。通过对管廊内部的信息采集，可实现多系统数据的信息共享，提高信息整合能力（图4-25、图4-26）。

图4-25　呼和浩特市丁香路综合管廊智能化系统

图4-26　呼和浩特市丁香路综合管廊综合舱

系统组成：

①丁香路综合管廊包含综合舱及电力舱，双舱平行布置。

②综合舱纳入四类管线：电力电缆、给水管、直饮水管以及通信光缆。目前已敷设 6 回 110kV 电缆、2 回 10kV 电缆、1 根 *DN*300 给水管、3 根 *DN*300 直饮水管及通信光缆。

③电力舱主要敷设 6 回 220kV 电缆及 2 回 10kV 电缆。

④综合管廊内设置电缆接头间、通风机房、防火门及防火隔断、集水井等附属设施。

4.3.6　新疆

1.思路与目标

从宏观的角度来讲，智慧型管廊信息化建设的思路可以简单地概括为"五统四化三集中"。其中五统指的是五个统一，分别是规划、设计、建设、管理、运营。而四化主要体现在相关的软件开发过程当中，软件的开发需要做到标准化、集约化、智能化、协同化。三集中主要指的是资源、数据、运营的集中。

从微观的角度来说，智慧型管廊信息化建设的思路可以套用新型智慧城市建设的思路，也就是需要做到六个一。分别是建一个开放的体系架构、一个安全的基础网络、一个通用的功能平台、一个统一的管廊数据体系、一个高效的管廊运行中心、一套完整的管廊信息化标准体系。

智慧型管廊信息化建设是一个涉及多方面的复杂化信息系统，其在实际建设过程当中所形成的建设目的往往会随着建设的规模、建设涉及的管线种类的改变而改变。但是无论怎样发生改变都需要以安全、可靠为基本准绳，以智慧运行管理为主线，同时还需要满足智慧型管廊信息化建设的一体化、空间维度一体化等要求。

2.总体架构

智慧型管廊信息化总体架构如图 4-2 所示，我们可以简要地将其分为三个"一"，首先是一个地下管廊空间实体。其次是一个可视化的管廊监控系统。最后是一个科学合理的智慧管廊运营保障体系。

在智慧管廊信息化建设当中，可视化管廊监控系统是建设的重点所在，其中可以分为三个层次。

第一个层次是现场层。对于现场层的建设其所包含的内容将会包括相关的基础设施建设，管线本体设备监控建设。在此层次当中还将会建立传感器、执行器、系统感知体系等设备，以此为基础达到对地下管廊系统的全面控制，及建设智慧安全服务、智慧消费服务等内容。

第二个层次是资源层。这个层次将会为整个系统提供云计算技术或是共性支撑平台，来支持管廊信息系统当中的数据存储与交换等基本工作。而这一层次当中，对于管廊地理空间位置等数据的建设也是十分重要的一个内容。

第三个层次是管控层。对于管理层的建设往往都会按照国家统一规定的标准进行建设。其中国际对于统一管理平台的假设进行了如下的规定：该平台当中的所有系统包括各个子系统，都需要具有实时的监控与综合处理信息能力。

3. 建设内容

基于以上对于智慧管廊信息化建设的基本架构进行分析，对于其建设主要内容的论述也将会从现场层、资源层、管控层这三个方面展开。

（1）第一是现场层的建设。

通过对基本构架的分析知道，系统当中的现场层主要是由传感器、执行器、系统感知体系等所共同构成的。其在实际的应用过程当中将会做到对地下管线的全面检测与感知。并形成管廊环境感知数据、辅助设备运行感知数据、安全警报数据、通信数据等。其中对于环境感知而得到的数据内容将会包含温度、湿度、各部分气体含量等。对于相关辅助设备的感知将会包含照明、排水、消防等内容。

在现场层的大系统之下，将会包含众多的子系统，例如安全系统、火灾警报系统等。而这些系统从理论上讲，是相互独立的系统，彼此独立工作且不发生干扰。

在安全防范系统当中，其在实际应用过程当中所具有的功能有很多种，首先来说具有鲜明的可视化监控作用，使得监控人员可以对地下管廊的情况进行细致的了解，通过实时的监控保证地下管廊的安全。其次，还具有人员定位功能与实际的管理功能。在实际过程当中，监控人员可以通过 GIS 系统的应用，准确地知道各个地下管理人员的位置，配合具有的语音功能就可以做到人员管理。

在环境监控系统当中，其主要的应用功能可以将其分为三个方面，第一个方面是对综合性管廊内部环境的各个数据进行监控，并对超出相关指标的内容进行报警。第二个方面是对地下管道系统当中的通风设备以及相关的电气设备进行监控。第三个方面是对管廊的本体情况进行检测与控制。

（2）第二是资源层的建设。系统当中的资源层主要是由基础设施资源、平台资源等方面所共同构成的，其中基础设施资源的建设主要包含了数据的计算、存储等技术以及网络安全的相关设施建设。在此种层次之下，对于数据的处理可以应用云计算的方法。而对于云计算方法的使用一方面可以建立在城市云计算中心的背景之下，其次也可以建立单独的智慧管廊云计算中心。系统将会通过集约化等方式完成智慧管资源调度的自动化。

而在资源层当中智慧管廊的信息资源内容将会包含以下几个方面的数据信息：第一将会是管廊本体运行、日常监测以及普查等类型的基础性数据。第二是环境、设备运行情况、管网运行情况等类型的监控数据。第三是城市规划、管线规划、管线审批等类型的管理数据。而信息资源的建设将会是上面所有数据的入库工作。在信息建设过程当中，管廊空间信息建设与管线本体的空间信息建设是工作量最多的两个方面。在信息资源的建设过程当中，还需要对各个子系统的数据进行规范，并以此为基础逐渐形成一个完善的智慧管廊信息建设标准。

（3）第三是管控层的建设。对于系统当中的管控层的建设，主要包含了国家相关标准的建设类型，以及国家之外的相关标准建立与应用。在国家标准的相关规定之下，管控层的建设需要具有明确的报警系统以及其他必要的子系统。可以实施实时的检测与报警。并且需要具有数据处理与通信等综合性质的处理功能，可推动各类服务信息的发布，智慧城市信息化服务平台需要建立电子信息屏系统，系统可根据需要实时展示各类社会信息及新闻。

首先来说，管控层的建设需要具备相关的环境检测、设备检测、数据分析、安全检测等类型的一些通用功能。其次，还需要具有运行展板、实时监控、趋势分析等一类的监视分析功能。最后还需要具有与专业管线或平台连接的通信接口提供功能。

国外标准的拓展应用并没有实际的规定界限，其应用的主要内容现阶段有以下几个方面：第一，基于GIS的智慧管廊应用。实现地下管线的可视化管理、存储，还可以将各类地下管线资源更有效地融入城市地下综合管廊工程的全生命周期。

第二，应急管理系统。综合管廊安全运行关系到一个城市正常运转，因此，智慧管廊必须配置一套应急管理系统，一旦出现紧急情况，可以利用应急管理系统降低或避免损失扩大化。

综上所述，新疆新型智慧城市建设中智慧管廊信息化建设主要依赖于计算机技术与网络技术，通过二者之间的联合应用达到对管廊的实时监控与整体调配。

第5章 综合管廊智能化功能应用

管廊智能化既要实现系统的安全、稳定运行，又要实现对供电、消防、照明、通风、排水等系统的"集中管理"，应按照《城市综合管廊工程技术规范》GB 50838—2015进行设计。

感知层：应用数据采集技术，实现电力、给水、通信、能源等的数据采集系统。

传输层：由环网光纤、无线传输模块提供有线、无线通信等可靠传输。

处理层：通过一个"集中监控信息平台"集成环境与设备监控系统、安全防范系统、通信系统、预警与报警系统、地理信息系统等五大中心模块实现系统的分布式应用和纵向深入。

应用层：应用主流的Web架构实现互联网门户服务系统。由于政府管理部门和给水、电力、燃气、通信、供热等相关管线单位的专业管线运行信息会影响到管廊本体安全或其他专业管线安全运行，因此在应用层要对相关管线单位提供通信接口，以实现信息的共享和联动。

城市智慧管廊综合监控系统，其监控范围全面涵盖了地下管廊内的管线运行安全以及管廊空间、附属设施等的状态，为城市"生命线"的可靠运行提供了全面的技术保障手段，构建适合城市快速发展的安全、高效、智慧的地下管网系统（图5-1 ~图5-3）。

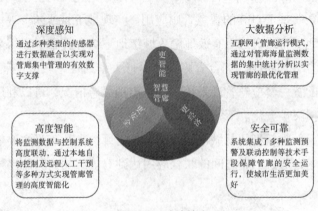

图5-1 系统简介

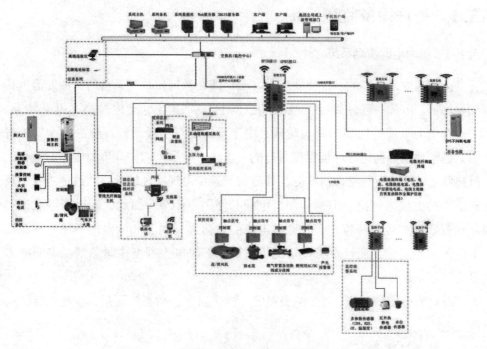

图 5-2　监控系统拓扑图

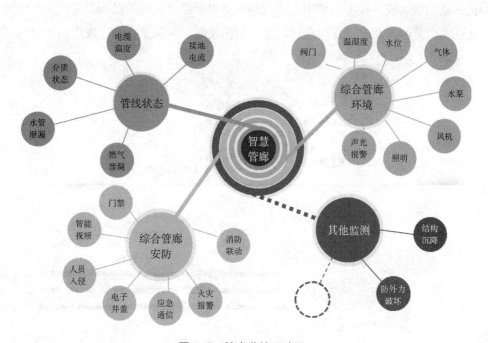

图 5-3　综合监控系统图

5.1 资产设备监测系统

5.1.1 电力电缆监测系统

运行温度是电缆的一个重要参数。当电缆在额定负荷下运行时，线芯温度达到允许值。电缆一旦过载，线芯温度将急剧上升，加速绝缘老化，甚至发生热击穿。

在电力电缆的选型和敷设阶段，由于不可能对实际运行环境进行全面的考虑，通常都是根据标准环境温度进行的，这样将导致电缆在环境温度高时运行于过热状态，减少运行寿命。实际工作时为了避免出现这种情况，通过适当保留负载能力的方法来解决，但这却使得电缆的使用不经济。因此，如果能够根据实际运行状态和运行环境，实时地对电缆的负荷进行调度和调整，不仅能够保证电缆的运行安全，而且在有些情况下还可以解决电力调度中紧急情况下的电力供应问题。

对电力电缆的监测包括：缆表温度、接头温度、动态载流量、接地电流、局部放电。

1. 缆线温度监测

本综合监控系统采用分布式光纤测温技术，将光纤作为测温传感器，通过敷设在电缆表面或内置在电缆中，实现对电缆表面温度、电缆接头温度以及环境温度的实时监测，及时发现电缆运行过程中出现的问题以及运行电缆周围环境的突变（图5-4）。

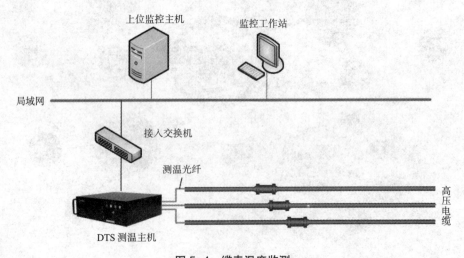

图 5-4 缆表温度监测

分布式光纤测温技术，完全分布式测量，以精密间隔探测全线温度，定位精度达 1m；测量速度快，4km 的距离只需要 3s；能够做到多级报警，并具备定温、差温、峰值等多种报警方式，报警分区间隔最小为 1m。

2. 动态载流量监测

动态载流量分析系统的核心算法为动态载流量模型 DCR（Dynamic Cable Rating），它基于国际电工委员会标准 IEC60287 和国际大电网会议 CIGRE 动态热路模型开发，可以实现电缆导体温度和电缆负荷的监测（图 5-5）。

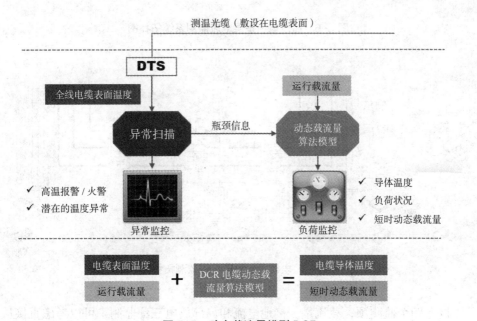

图 5-5 动态载流量模型 DCR

3. 接地电流监测

电缆护层接地电流监测系统通过在电缆接头的接地线上安装电流监测装置，实时监测接地电流瞬变、突变情况，实现对电缆接地故障快速预警和准确定位，为线路抢修提供先决条件（图 5-6）。

4. 局部放电监测

电缆局部放电在线监测系统能够实时检测电缆内部发生的局部放电信号，有效地去除干扰信号。检测到的局部放电信号通过光缆传输到变电站监控中心，通过分析系统对局部放电的类型和局部放电水平进行分析判断，从而评估局部放电的影响，判断设备绝缘状态，并给出相应设备维护维修指导方案（图 5-7）。

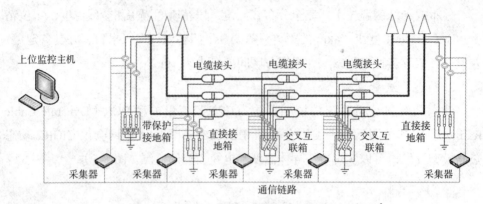

图 5-6　高压电缆护层电流监测系统拓扑图

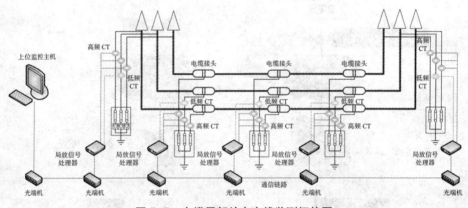

图 5-7　电缆局部放电在线监测拓扑图

以上四个监测项，载流量、接地电流和局部放电三项监测，可以考虑直接从电力公司获取数据。

5.1.2　通信光缆监测系统

对通信光纤的监测包括：断纤、故障监测。

基于 OTDR 的自动监听技术可进行光纤的传输衰减、故障定位、光纤长度、接头衰减等测量。OTDR 对光纤断点测量又有很强的鲁棒性，在电力通信网的光纤监测中有着广泛的应用。

光纤监测通常包括在线监测和离线监测：

1. 在线监测方式

采用与工作波长不同的测试波长通过 WDM 设备，合波在同 1 根光纤通道中运行，在远端利用滤波器将测试波长滤掉，让工作波长通过。但是在监测实施时必须断开工作光路，只让监测光路通过，此时将对用户通信造成通信间断的影响，对于实时性要求不高的通信网络可以采用此种监测方式。

2. 离线监测方式

在施工中通过增加两条备用光纤作为监测通道，这种监测系统构建容易实现且对用户不会造成影响。系统架构清晰简单，利于维护，但是必须占用监测专用通道。这种监测方案监测的光纤是与通信光纤并排的光纤，并不是实际应用的通信光纤。离线监测实时性高，可在施工过程中预留 2 芯作为监测光纤，1 芯用于光功率计实时监控，1 芯用于 OTDR 测试。光纤功率计和 OTDR 共同完成对光纤的监测功能。

光纤监测的两种方法各有优缺点，在实际正式施工中鉴于离线监测不影响通信，建议使用离线监测方式。

5.1.3 给水管线监测系统

通过对供水系统输配管线压力、流量、水质等情况进行实时在线监测，有效提高供水调度工作的质量和效率，实现供水自动化管理（图 5-8）。

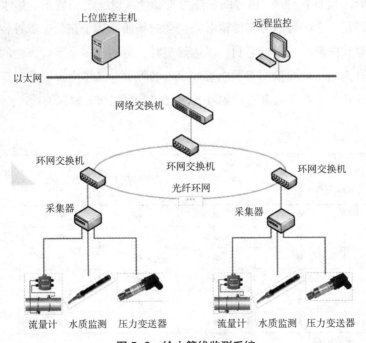

图 5-8 给水管线监测系统

对给水管线的监测包括：压力、流量、水质（当前给水管线中不做水质监测）。

5.1.4 热力管线监测系统

通过分布式光纤温度监测系统，实时在线监测热力管线泄漏的发生，并通过后台泄漏监测软件实时读取温度、压力、流量等需要的热力数据。感温光纤作为热力管道泄漏监测的传感器系统，使用寿命长达 30 年。投资成本低、测量精度高、能够将泄漏位置准确定位在 1m 范围内。

5.1.5 天然气管线监测系统

天然气管道在各种复杂因素的影响下，常常会出现管道泄漏的情况，泄漏的气体很容易引起火灾，严重时会带来爆炸。天然气主要成分是烷烃，其中甲烷占绝大多数，另有少量的乙烷、丙烷和丁烷等，因此通过监测天然气敷设沿线空间环境的甲烷浓度，可有效发现天然气泄漏。

5.2 环境监测系统

综合管廊装有各种线：信号线、热力管、燃气管、电信管道、给水管道、电力管道等，是一个多种信号与传输对象交会的场所，为了充分保障管廊内环境安全，需要对其内部环境进行监测，以达到实时、自动监测地下管廊内的环境，其重要性不言而喻。环境监测参数内容如表 5-1 所示，气体报警值设定符合国家标准《密闭空间作业职业危害防护规范》GBZ/T 205—2007 的有关规定。

环境监测参数表　　　　　　　　　　　　　　　　　　　　表 5-1

舱室容纳管线类别	给水管道、再生水管道、雨水管道	污水管道	天然气管道	热力管道	电力电缆、通信线缆
温度	●	●	●	●	●
湿度	●	●	●	●	●
水位	●	●		●	●
氧气	●	●		●	●
硫化氢	▲	●	▲	▲	▲
甲烷	▲	●	●	▲	▲

注：●应检测，▲宜监测。

84

系统主要是对管廊内的温度，湿度，CO、CH₄、H₂S等有害气体浓度、空气含氧量、水位等环境参数进行实时监测，并通过区域控制器与管廊内排水系统、通风系统、照明系统进行联动。

通过在地下管廊配置相应的传感器及报警器，并通过通信将监测信号从吊装口引出到地面上，并通过无线通信（GPRS）传输到监控中心，通过配套的综合管理软件对数据进行分析。通过软件对每个测点的地理位置、测量值或工作状态进行连续采集，如出现异常，系统会自动生成报警（声光报警、短信报警、邮件报警可选），第一时间通知到相关人员，将可能出现的险情消灭在萌芽状态，避免造成大的经济损失及影响管廊的正常工作（图5-9）。

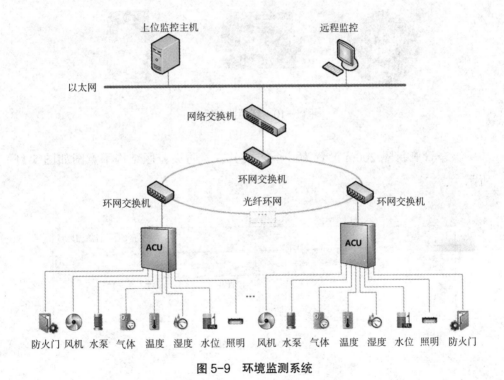

图5-9 环境监测系统

由于管廊较长，需要选择合适的距离来设置监测点（图5-10）：

（1）对于温湿度数据可以考虑200m设一个测点。

（2）对于燃气报警则要针对实现情况选择布的距离要大大缩短（或者选择可能会发生报警的特殊区域）。

（3）对于积水报警则选择集水坑水位监测方式。

（4）对于有害气体监测，则要判断具体是什么气体为主，为何产生，如果产生了积水（污水）要考虑可能会产生恶臭气体等。

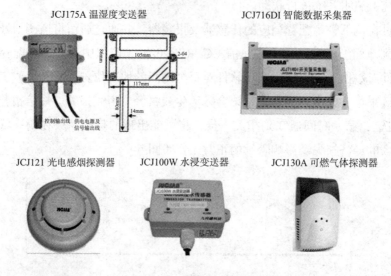

JCJ175A 温湿度变送器　　　　　JCJ716DI 智能数据采集器

JCJ121 光电感烟探测器　　JCJ100W 水浸变送器　　JCJ130A 可燃气体探测器

图 5-10　环境监测设备

综合管廊每隔 200m 设置为一个防火分区，防火分区结构示意图如图 5-11 所示。

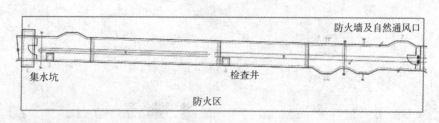

图 5-11　防火区

每个综合管廊防火分区设计一套环境监测系统，包括：

（1）2 台温湿度传感器、1 台水位传感器、2 台氧气传感器、2 台硫化氢传感器、2 台甲烷传感器。

（2）温湿度、氧气、硫化氢和甲烷传感器分别安装在防火门两侧附近（靠近人员出入通道位置）。

（3）水位传感器安装于集水坑内，外接显示装置。

环境监测应用连接示意图如图 5-12 所示。

如图 5-13 所示，除了表 5-1 所列的环境参数监测外，还需要对综合管廊进行实时在线的沉降监测，防止管廊沿线下沉或下沉不均匀导致廊内管线破损。对于预制拼装方式的综合管廊，应在接缝处设置 2 个沉降监测点（图 5-14、图 5-15）。

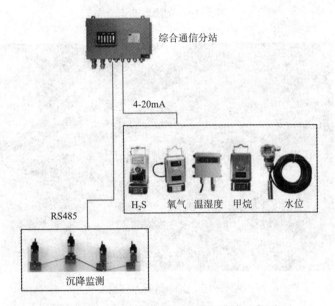

图 5-12　综合管廊环境监测设备连接示意图

图 5-13　综合管廊环境监测设备安装实例

图 5-14　沉降监测点分布

图 5-15　沉降监测点安装实例

　　200m 的防火区可以分为 5 个沉降监测区域，共 6 个监测点。每个沉降监测点选用一台静力水准仪，多个静力水准仪的容器用通液管连接，每一容器的液位由磁致伸缩式传感器测出，传感器的浮子位置随液位的变化而同步变化，由此可测出各测点的液位变化量。适用于测量综合管廊多点的相对沉降。

5.3　管廊监测系统

5.3.1　管廊防外破监测系统

　　城市综合管廊属于地下隐蔽设备，常常由于市政建设需要，大型机械会在管廊周边持续、频繁地施工，对管廊结构造成极大的影响，严重时还会导致地表坍塌等重大事故。针对第三方破坏导致电缆隧道结构损坏的现象，可通过管廊防外破监测系统对地下设施周边一定范围内的土壤振动信息进行连续监测和分析，从而实现地下管廊安全预警，有效防止第三方破坏（图 5-16）。

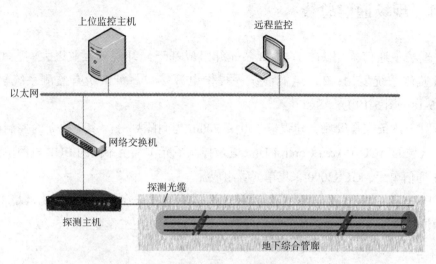

图 5-16　防外破监测系统

5.3.2　管廊结构沉降监测系统

城市综合管廊建于地壳表层下，其结构一般为衬砌结构，经过长时间运营，隧道段与隧道段的接缝处会产生相对位移，这种相对位移分为水平方向和垂直方向的位移，而发生在垂直方向的位移会导致地表沉降，严重时会导致管廊坍塌等重大事故，因此对管廊结构的沉降情况进行连续监测，及时对管廊结构沉降状态和变形趋势作出判断和预警，有效保障城市综合管廊的安全运营（图 5-17）。

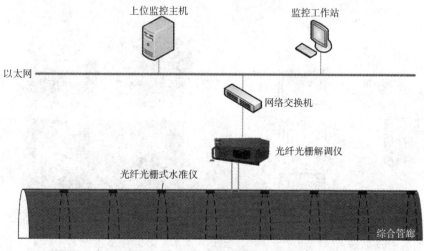

图 5-17　管廊结构沉降监测系统

5.4 现场通信总线

现场主通信采用2+2方式：2芯光纤组成基于光纤现场工业以太网，可供所有监测系统复用，2芯电源线统一提供电源接口，可供所有监测系统复用（图5-18、图5-19）。

对于整条综合管廊，建议以150～200m为间隔划分为多个独立的控制区，每个区域的ACU（Area Control Unit 区域控制单元）都由不同的BUP电源单元、BUT通信单元、GCS2000采集单元等组成。

防爆箱内部可安装电源、通信、数据采集等电子设备。可用于恶劣环境中的各种传感器设备、采集设备的统一安装，便于规范化施工作业（图5-20）。

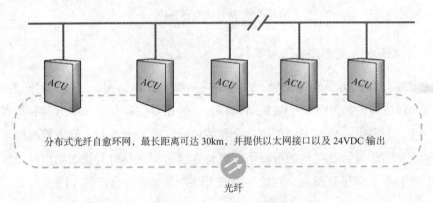

分布式光纤自愈环网，最长距离可达30km，并提供以太网接口以及24VDC输出

光纤

图 5-18 供电回路

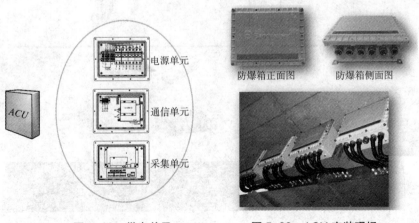

图 5-19 供电单元　　　　图 5-20 ACU 安装现场

5.5　安全防范系统

5.5.1　一般规定

管廊安全防范系统建立的目的在于保证人员出入可控、实现管廊区域被监控目标定位可视，综合管廊安全防范系统应由安全管理系统和若干个子系统组成。子系统应包括入侵报警系统、视频安防监控系统、出入口控制系统等。根据综合管廊的规模、安全管理要求，子系统另可包括人员定位系统等。安防系统的重要职能：应急指挥，多系统联动。

当有入侵目标出现时，系统会立即发出报警，并联动该区域摄像机进行自动跟踪、切换显示相关现场图像画面以及自动启动录像功能、拨打110等。

安全管理系统应实现对各安全防范子系统的有效监控、联动和管理，其功能宜由统一管理平台实现其功能。

综合管廊安全防范系统宜自成安防专用网络独立运行。应优先保证报警信号和控制信号的传输，网络带宽应能满足安防信号接入监控中心中央层的数据传输带宽要求并留有余量。

综合管廊安全防范系统，应符合现行国家标准《城市综合管廊工程技术规范》GB 50838—2015、《安全防范工程技术规范》GB 50348—2004、《入侵报警系统工程设计规范》GB 50394—2007、《视频安防监控系统工程设计规范》GB 50395—2007 和《出入口控制系统工程设计规范》GB 50396—2007 的有关规定，并符合综合管廊所在地区安全防范技术管理的规定。

综合管廊内宜在下列场所处设置巡查点：

（1）综合管廊人员出入口、逃生口、吊装口、通风口、管线分支口；

（2）综合管廊重要附属设施安装处；

（3）管道上阀门安装处；

（4）电力电缆接头区；

（5）其他需要重点巡查的部位。

巡查管理主机应设置在监控中心。巡查管理主机应具有设置、更改巡查路线的功能，对未巡查、未按规定线路巡查、未按时巡查等情况进行记录、报警。

人员定位系统应能满足将人员定位于单个舱室的要求，在单个舱室内定位精度不宜大于100m。设置有人员定位系统的综合管廊，在监控中心应能实时显示综合管廊内人员位置。

设置有在线式电子巡查系统或无线通信系统的综合管廊，可利用在线式电子巡查系统或无线通信系统兼做人员定位系统。

视频安防监控系统、入侵报警系统、出入口控制系统、环境与设备监控系统、火灾自动报警系统、可燃气体探测报警系统、照明系统之间宜建立联动，并应符合下列规定：

（1）当安防系统报警或接收到环境与设备监控系统、火灾自动报警系统的联动信号时，应能打开报警现场照明并将报警现场画面切换到指定的图像显示设备显示。

（2）当安防系统接收到可燃气体报警系统的联动信号时，应能将报警现场画面切换到指定的图像显示设备显示。

出入口控制装置应与环境与设备监控系统、火灾自动报警系统联动，在紧急情况下应联动解除相应出入口控制装置的锁定状态（图 5-21、图 5-22）。

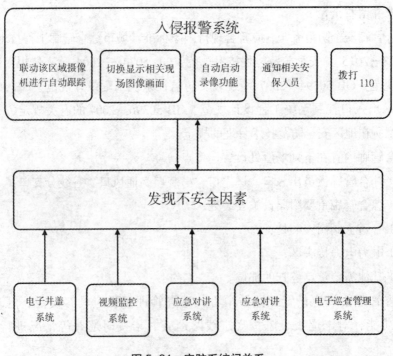

图 5-21　安防系统间关系

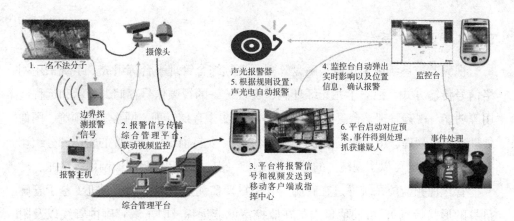

图 5-22 安防联动

5.5.2 电子井盖监控系统

管廊电子井盖监控系统通过对管廊投料口或与外界相通的出入口处的电子盖板状态进行实时监测和远程控制，有效控制非法进入地下管廊进行偷盗、破坏等行为，保障地下管线的安全稳定运行（图 5-23）。

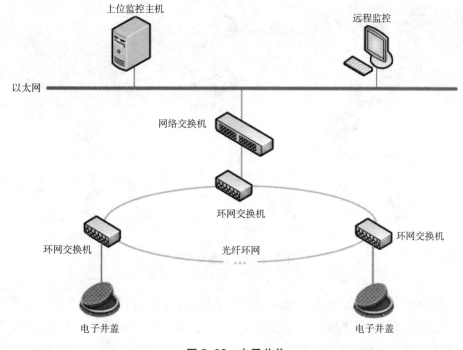

图 5-23 电子井盖

5.5.3 视频监控系统

视频监控系统由摄像机、磁盘阵列、视频综合管理平台等组成。系统采用网络信号传输方式，独立千兆光纤环网，实现统一的视频信号存储、显示和远程调用等功能。视频管理平台具有以下功能：支持集中存储管理、网络实时预览、图像处理、日志管理、用户和权限管理、设备维护；支持前端任意图像的轮巡和分组切换等控制；同时可以实现统一的数字化视频存储、显示和远程图像调用等功能。

管廊视频监控系统通过在管廊内各个重要监测点安装枪机摄像机（鉴于管廊自身的形状特点），可使值班人员在监控室就能远程及时了解管廊内管线以及附属设备等的运行状况，同时还可直观监控管廊内的人员活动情况，从而保证管廊内管线及附属设备运行安全（图 5-24）。

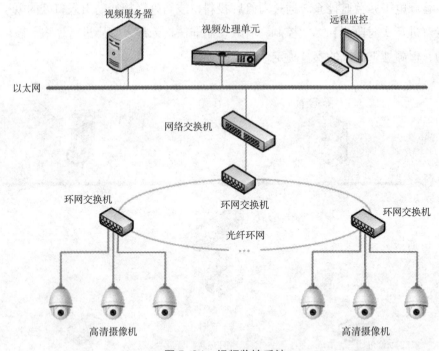

图 5-24　视频监控系统

综合管廊视频安防监控系统应采用数字化技术。综合管廊内设备集中安装地点、人员出入口、变配电间、监控中心、沿线舱室等场所应设置摄像机；综合管廊沿线舱室内摄像机设置间距不应大于 100m，且每个防火分区不应少于 1 台。

综合管廊内摄像机应选用清晰度720P及以上的型号；宜选用日夜转换型，并宜配用红外灯辅助光源；宜具备宽动态功能；宜优先选用定焦距、定方向固定安装的摄像机，必要时可采用云台、变焦镜头摄像机。

视频图像记录应选用数字存储设备，单路图像的存储分辨率不应小于1280×720像素，存储记录时间不应小于30天。应根据安全管理的要求、视频系统的规模、网络的带宽状况等，选择集中式存储或集中式存储与分布式存储相结合的记录方式。由报警信号联动触发的视频图像应存储在监控中心，且严禁由系统自动覆盖。

视频图像显示宜采用轮循显示、报警画面自动弹出相结合的方式。单路监视图像的最低水平分辨率不应低于600线。显示设备的配置数量，应满足现场摄像机数量和管理使用的要求，合理确定视频输入、输出的配比关系。

视频安防监控系统宜具有视频移动侦测功能，并提供移动侦测报警。

综合管廊人员出入口应设置出入口控制装置。出入口控制系统应根据综合管廊的规模，采用总线制模式、网络制模式或总线制结合网络制的模式。网络制模式的传输网络宜利用安防专用网络。出入口控制管理主机应设置在监控中心，应具有远程控制功能。

系统应具有对非正常开启、出入口长时间不关闭、通信中断、设备故障等非正常情况的实时报警功能。

5.5.4　应急对讲广播系统

当管廊内发生重大灾害（火灾、燃气泄漏），迫切需要将险情迅速大范围传播出去时。应急对讲广播平台可提供一种迅速快捷的讯息传输渠道，在第一时间把灾害消息或灾害可能造成的危害传递给管廊内人员，让其在第一时间知道发生了什么事情，指导工作人员安全撤离、避险，从而将生命财产损失降到最低。

通过在廊道内安装紧急对讲广播系统可实现廊道内人员与监控中心人工座席、外部人员以及廊道内其他分机之间的通话；发生紧急情况时，监控中心可向管廊内人员发起广播提醒人员紧急疏散，从而保证工作人员安全（图5-25）。

应急对讲广播平台涵盖现有广播体系的所有功能，并提供对讲、录音、监听等附加功能。平台可接入各类广播终端（音箱、音柱、高音喇叭、收扩机），无缝融合各类通信终端和视频终端（互联网、数字电视网、数字电视播控平台、卫星广播），并可灵活接入各级应急指挥中心，为应急指挥部门和公众沟通提供迅速快捷的信息传输渠道。

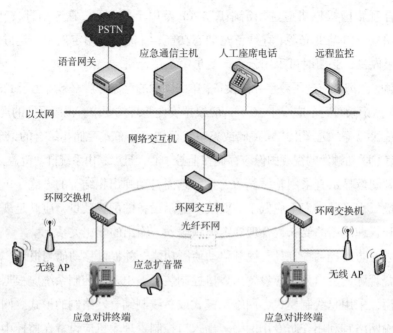

图 5-25 对讲广播系统

5.5.5 门禁管理系统

门禁管理子系统主要由电锁控制器、电控锁、读卡器、出门按钮等组成。门禁系统通过门禁控制，对监控中心和管廊出入口等处实施出入管理，强化管廊安全防范功能。门禁系统安装在入口处，可有效防止未经许可人员进入管廊，并可对进出情况做全时完整的记录，方便对进出情况进行查询。门禁系统由单门控制器、门开关按钮、读卡器、发卡机、电磁锁、门禁系统软件组成（图 5-26）。

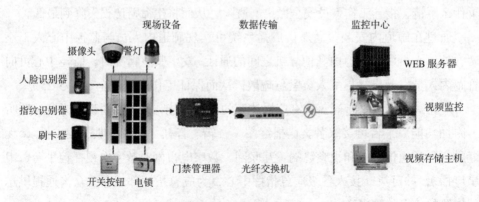

图 5-26 门禁管理系统

该子系统是新型现代化安全管理系统，集微机自动识别技术和现代安全管理措施为一体，涉及电子、机械、光学、计算机技术、通信技术等诸多新技术。

5.5.6　入侵报警系统

综合管廊有人员非法入侵风险的部位应设置入侵报警探测装置和声光警报器。入侵报警系统应根据综合管廊的规模，采用分线制模式、总线制模式、网络制模式或多种制式组合模式。网络制模式的传输网络宜利用安防专用网络。

入侵报警控制主机应设置在监控中心，系统应具有分区远程布防、远程撤防、远程报警复位等功能。

管廊入侵报警系统采用可靠稳定的红外探测器，并安装在管廊每个吊装口和通风口或与外界相通的入口处，以实时监测管廊出入口处的人员入侵情况。系统可对防范区域进行自动布防和撤防，在监控平台可进行远程手动布防和撤防。当有入侵目标出现时，系统会立即发出报警，并联动该区域摄像机进行自动跟踪、切换显示相关现场图像画面以及自动启动录像功能、拨打 110 等。

如图 5-27、图 5-28 所示。

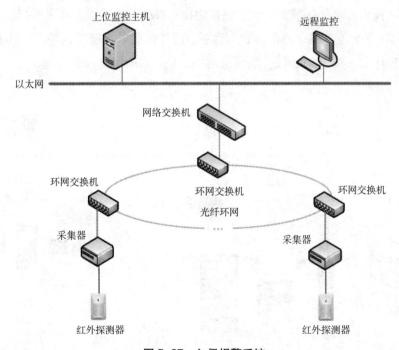

图 5-27　入侵报警系统

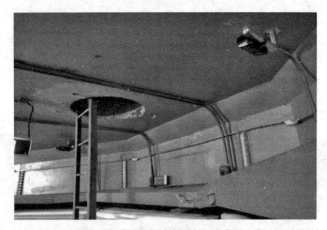

图 5-28　入侵报警设备安装实例

5.5.7　出入口控制

综合管廊人员出入口应设置一套出入口控制装置（图 5-29）。

出入口控制系统（Access Control System，ACS）是采用现代电子设备与软件信息技术，在出入口对人或物的进、出进行放行或拒绝、记录和报警等操作的控制系统，系统同时对出入人员编号、出入时间、出入门编号等情况进行登录与存储，从而成为确保区域安全，实现智能化管理的有效措施。可采用指纹、人脸识别及 ID 刷卡等方式，并配合视频监控；门禁控制器直接接入综合一体化接入平台，采用 RS485 接口连接，实现全网络、全管廊的综合控制管理。

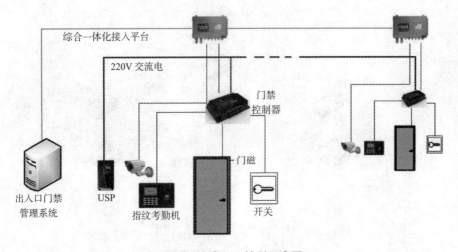

图 5-29　出入口控制示意图

5.6　火灾自动报警与消防系统

综合管廊按防火等级分类应为特级保护对象,应采用全面保护方式。综合管廊内应设火灾探测器、火灾报警装置、火灾应急广播等,而且应设置相应消防联动控制系统。火灾报警和消防联动控制系统,应包括自动和手动两种触发装置。综合管廊内隔墙上人手可以触摸到的地方应装设消防电话分机和手动火灾报警按钮。探测器的类型可选用缆式线形感温探测器或空气温差型探测器。火灾手动报警按钮应在火灾报警控制器或消防控制室的控制报警盘上有专用独立的报警显示部位号,不应与火灾自动报警部位号混合布置或排列,并有明显的标志。消防联动控制中,每个防火分区处应设指示灯,该指示灯应当是联动设备启动后的反馈信号灯,同时要在消防控制设备上显示防火分区联动设备的位置。

综合管廊内设置防火分区,有利于火灾时有效阻止火灾蔓延。综合管廊内一般可每隔200m设置防火墙,形成防火分区。能联动关闭着火分区及相邻分区通风设备、启动自动灭火系统。防火墙上设常开式甲级防火门。防火分区两端的防火门实现在线监控,并能联动关闭常开防火门。各类管线穿越防火墙处用不燃材料封堵,缝隙处用无机防火堵料填塞,以防止烟火穿越分区。

在管廊内设置光纤测温探测器和烟感探测器,光纤测温探测器采用分布式光纤传感器对管廊环境温度进行实时监测。消防联动控制装置分别与探测器、手动报警按钮、警铃以及管廊视频监控系统、管廊排风系统等附属设备配套使用,当光纤测温探测器或烟感探测器发生报警时,火灾报警主机通过消防联动控制装置使相关设备执行相应的动作。电力舱、燃气舱等需要部署消防系统。

防火系统采用集中报警方式设计,由火灾探测器、手动火灾报警按钮、火灾声光警报器、消防应急广播、消防专用电话、消防控制室图形显示装置、火灾报警控制器、消防联动控制器等组成(图5-30、图5-31)。

综合管廊的火灾自动报警系统应结合不同保护对象的特点及相关的监控系统配置,做到安全适用、技术先进、经济合理、管理维护方便。

综合管廊内干线综合管廊含电力电缆的舱、支线综合管廊含电力电缆的舱室及其他有火灾风险的舱室应设置火灾自动报警系统;监控中心、变配电所、设备间等配套用房应设置火灾自动报警系统,系统的设计和设置应符合现行国家标准《火灾自动报警系统设计规范》GB 50116—2013的规定。

综合管廊内火灾自动报警系统组件的兼容性和通信协议的兼容性应符合现

行国家标准《火灾自动报警系统组件兼容性要求》GB 22134—2008 的有关规定。火灾自动报警系统形式的选择应根据综合管廊的规模、管理模式确定，包括集中报警系统或控制中心报警系统等形式。

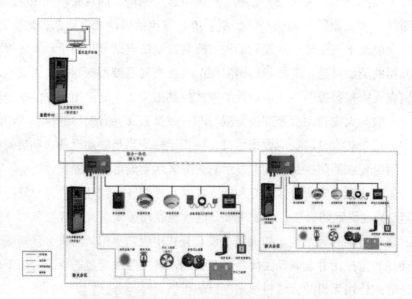

图 5-30　火灾自动报警系统

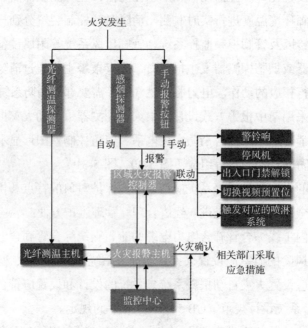

图 5-31　消防系统

综合管廊内宜按照防火分区划分报警区域，一个报警区域不应超过相连的 3 个防火分区。每一台火灾报警控制器、电气火灾监控器保护管廊舱室的区域半径不应大于 1000m。

火灾自动报警系统现场部件的设置应符合下列规定：

（1）设有火灾自动报警系统的舱室应设置感烟火灾探测器；

（2）火灾自动报警系统需要联动控制舱室内设置的自动灭火系统启动时，舱室内应设置感温火灾探测器；

（3）设有火灾自动报警系统的舱室应在每个防火分区的人员出入口、逃生口、防火门处设置手动火灾报警按钮和火灾声光警报器，且每个防火分区不应少于 2 个；

（4）综合管廊具有多个舱室，且共用出入口时，未设置火灾自动报警系统舱室在进入共用出入口一侧应设置火灾声光警报器。

自动灭火系统、防火门监控系统、火灾声光警报器、消防应急照明和疏散指示标志系统的联动控制设计，应符合现行国家标准《火灾自动报警系统设计规范》GB 50116—2013 的有关规定。

由同一防火分区任两只火灾探测器或任一只火灾探测器和手动火灾报警按钮的火灾报警信号，作为联动触发信号，由消防联动控制器联动执行以下联动控制：关闭着火分区及同舱室相邻防火分区通风机及防火阀；启动管廊内并行舱室内设置的所有火灾声光警报器；启动着火分区及同舱室相邻防火分区的应急照明及疏散指示标志，并应关闭火灾确认防火分区防火门外上方的安全出口标志灯；控制出入口控制系统解除相应出入口控制装置的锁定状态；控制防火门监控器关闭着火分区所有常开防火门。

应由同一防火分区任一只感烟火灾探测器与任一只感温火灾探测器的火灾报警信号或任两只感温火灾探测器的火灾报警信号，作为自动灭火系统的联动触发信号，由消防联动控制器或气体灭火控制器控制自动灭火系统的启动；宜由同一防火分区内任一只火灾探测器或手动报警按钮的火灾报警信号，作为向安全防范视频监控系统发出的联动触发信号。

消防控制室应能手动启动自动灭火系统；应能手动直接控制消防水泵等重要消防设备，设备距离消防控制室超过 1000m 时，可由火灾报警总线远程控制。根据需要切除火灾区域的非消防负荷电源。

综合管廊设置的火灾自动报警系统具有消防联动控制功能时，应设置消防控制室，且消防控制室宜与监控中心控制室合用。设有火灾自动报警系统的舱室应设置防火门监控系统，消防控制室应设置防火门监控器。消防控制室应能接收并显示管廊内消防设备电源的工作状态和欠压报警信息。

电气火灾监控系统的设计应符合下列规定：电力电缆接头、端子等发热部位应设置测温式电气火灾监控探测器；电力电缆表层采用接触式敷设的方式设置线型感温火灾探测器；缆式线型感温火灾探测器应采用"S"形布置在每层电缆的上表面；线型光纤感温火灾探测器应采用一根感温光缆保护一根电力电缆的方式，并应沿电力电缆敷设；线型感温火灾探测器及探测器信号处理单元的技术要求应符合现行国家标准《线型感温火灾探测器》GB 16280—2014 的有关规定；电气火灾监控系统应在消防控制室将系统的工作状态信息上传至图形显示装置或火灾报警控制器。

消防专用电话可与管廊内设置的固定电话合用，且应为独立的网络。火灾自动报警系统宜与综合管廊统一管理平台联通。

5.7 可燃气体探测系统

综合管廊天然气管道舱应设置可燃气体探测报警系统并联动启动天然气舱事故段分区及其相邻分区的事故通风设备（图 5-32）。

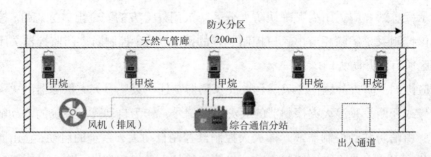

图 5-32 可燃气体探测报警系统

天然气管道舱可燃气体探测报警系统应由可燃气体报警控制器、天然气探测器和声光警报器等组成，设备应选择符合国家有关标准和有关市场准入制度的产品。

可燃气体探测报警系统的设计，应符合国家现行标准《石油化工可燃气体和有毒气体检测报警设计规范》GB 50493—2009、《城镇燃气设计规范》GB 50028—2006 和《火灾自动报警系统设计规范》GB 50116—2013 的有关规定。

天然气舱应设置点式天然气探测器，天然气探测器宜通过现场总线方式接入可燃气体报警控制器。天然气舱每个防火分区的探测器总线应采用独立回路。

天然气探测器的设置应符合下列规定：

（1）天然气舱室的顶部、管道阀门安装处、人员出入口、吊装口、通风口、每个防火分区的最高点气体易积聚处应设置天然气探测器；

（2）舱室内沿线天然气探测器设置间隔不宜大于 15m；

（3）当天然气探测器安装于管道阀门处时，探测器的安装高度应高出释放源 0.5 ~ 2m。

可燃气体报警声光警报器的设置应符合下列规定：

（1）天然气舱内每个防火分区的人员出入口、逃生口和防火门处应设置声光警报器，且每个防火分区不应少于 2 个；

（2）监控中心人员值班的场所应设置声光警报器。

可燃气体探测报警系统宜采用独立的传输网络，并应符合下列规定：

（1）可燃气体报警控制器的报警信号应上传至监控中心。

（2）管道阀门释放源处、管廊内天然气容易积聚处的天然气探测器宜将实时浓度数据上传至监控中心。

可燃气体探测报警系统应与综合管廊统一管理平台联通。监控中心可燃气体声光警报器发出报警后，声报警可手动关闭，光报警应持续报警直至人员现场确认并采取措施后复位。

天然气报警浓度设定值（上限值）应不大于其爆炸下限值（体积分数）的 20%。天然气紧急切断报警浓度设定值（上限值）应不大于其爆炸下限值（体积分数）的 25%。当天然气管道舱天然气浓度超过报警浓度设定值（上限值）时，可燃气体报警联动应符合下列规定：

（1）应由可燃气体报警控制器启动本防火分区的声光警报器；

（2）应由可燃气体报警控制器或火灾报警控制器联动启动天然气舱事故段防火分区及其相邻防火分区事故通风设备；

（3）应由可燃气体报警控制器或火灾报警控制器联动切除非相关设备的电源；

（4）应向安全防范视频监控系统发出联动触发信号。

5.8 通信系统

综合管廊通信系统应包括固定语音通信系统，并根据综合管廊管理需求宜设置无线通信系统。管廊通信系统建立的目的在于保证系统运行和维护管理全过程中的通信联络畅通，综合管廊通信系统应能满足监控中心与管廊内运维人员之间互相语音通信联络的需求。要点包括：

（1）管廊应设置固定式通信系统，电话应与监控中心接通，信号应与城市通信网络连通；固定通信系统应由安装在监控中心的通信主机、传输链路和现场固定通信终端设备等组成，宜设置录音装置。综合管廊人员出入口或每一防火分区内应设置电话通信点；不分防火分区的舱室，电话通信点的设置间距不应大于100m。

（2）当固定式电话与消防专用电话合用时，应采用独立的通信系统。

（3）各管廊舱室内设计的无线对讲电话系统，其无线信号应实现全覆盖。

（4）固定通信终端底边距地坪高度宜为 1.4 ~ 1.6m，且不应被其他管线和设备遮挡。

（5）当固定通信系统兼做消防电话时，应符合现行国家标准《火灾自动报警系统设计规范》GB 50116—2013 的有关规定。

（6）综合管廊监控中心应设置外线电话。

（7）无线通信系统宜由监控中心通信控制设备、传输链路、无线信号发射接收装置等设备组成。无线通信系统的功能应支持语音通信，并具有选呼、组呼、全呼、紧急呼叫、呼叫优先级权限等调度通信功能；宜具有支持文本信息收发等数据通信的功能；宜具有支持移动终端定位的功能。

（8）无线通信系统应根据系统功能、现场环境状况，选择天线形式、设置天线位置、确定天线输出功率。

（9）无线通信系统设计应符合现行国家标准《电磁环境控制限值》GB 8702—2014 的有关规定。

5.9 电子巡检系统

5.9.1 巡检方式

巡检包括人工巡检和机器人巡检。机器人巡检可以代替维护人员进出管廊内部场所，更适合于危险场所。不管是人工巡检还是机器人巡检，都可以在监控中心实时获取巡检数据、监控巡检情况。巡检数据持久化到数据库中，在综合管理平台上作统计分析。

管廊电子巡查管理系统主要由以下几部分组成：巡更采集器（巡更棒）、巡更点卡、巡更员卡和电脑管理软件。无须布线、安装简易，巡查范围广。在关键检测点处各安装一个巡更点信号卡。使用时，将巡更采集器靠近里程标志卡即可，巡更员工号、巡查时间和位置信息均会自动记录到内存。

按照技术规范要求，可采用离线式电子巡查系统，在预定的巡查点安装防水的信息点，而巡查人员参与巡查时，只需将安装有电子巡查功能的 APP 软件的智能手机拿着到每一个巡查点读取一下信息点即可。

采用扫描二维码的方式进行电子巡查时，每个预定的巡查点位置安装含有巡查信息的二维码。同时，智能手机通过 WiFi 与地面监控中心进行实时信息交互，可拍照实时上传，可实时无线对讲，并结合出入口控制系统和视频监控系统，防止"代打卡"或者"拍照扫描"等管理漏洞（图 5-33、图 5-34）。

图 5-33　电子巡检系统

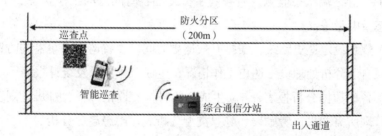

图 5-34　基于二维码的智能电子巡查示意图

采集器内的数据可采用硬盘存储和实时传输两种处理方式。实时传输可采用：①用专用电缆（RS232）将巡更采集器与电脑相连，巡更采集器中记录会根据设置条件自动上传至电脑，同时采集器内存中数据会自动清空；②采集器内置无线传输设备，已上传的数据在采集器内自动清空。

5.9.2　巡检内容

该部分需要根据实际情况再考虑。主要是智能监测的补充。

5.9.3　主要功能

智能巡检系统应用 GPS 卫星定位技术、GIS 地理信息技术、GPRS/4G 网络通信技术、LBS 基站定位技术及互联网传感等技术实现针对管网运行进行的维护与管理。它能够有效满足管廊的安全技术及输配管理部门，对日常安全设施的巡视检查及维修人员的任务监管、实时跟踪、隐患问题汇报，及调度派工等信息化管理方面的需求。使巡检的质量、管线的健康、设施的安全、供给的稳定运行得到持续保证。

（1）实时跟踪、记录与监管：实时统计掌握与记录所有人员的所在、出勤情况与工作状态，包括计划工作完成情况、手持终端电量、通信状态等；支持长期数据的保存与备份，提供历史的轨迹回放、工作情况等的重现与可追溯；随时可调阅历史资料，进行各项工作的过程重现、轨迹回放等分析统计与周期考核。

（2）隐患实时上报与管理：发现隐患实时上报、系统配有闪烁与音效提示管理者处理与调度；图文并茂的展现隐患现场情况与工单打印；结合 GIS 地图图资，掌握隐患分布，调整区域巡查力度，掌握维安工作重点，并可设置隐患高发区域单独进行分析管理。

（3）手持终端状态监测，可查看手持终端各时间点的工作状态、GPS 状态、通信状态及电量等。

（4）规划设定巡更路线，安排有效巡更时间，设置巡更采集器的时钟，根据巡更记录自动分析处理员工巡更工作情况，生成工作记录及统计报表。

（5）各项数据分析报表：自动生成巡检日报、巡检月报、排班计划表、报修工单及管理所需的人员考勤表、隐患类型分析表、隐患趋势分析表等，并提供以EXCEL 导出加工应用。

5.10　监控与报警系统

监控系统主要通过安装摄像头作为监控设备，在人员出入口、材料吊装口、管线进出口等可能会有人员进出的地方均应装设摄像头作为监视系统，以备外人闯入。在综合管廊内顶棚相应位置，每隔一定距离或关键节点安装一定数量的摄像头，用以监控管线运行情况，以便在故障时迅速准确地确定故障位置。报警系统实现防入侵报警和防盗报警功能，在综合管廊内设防盗设备（红外探测器和门磁等），以备无关人员随意闯入。在人员进出口、材料搬入口、管线进出口等人有可能进入的地方设置防盗报警装置，当来犯者打开盖板时，报警装置启动，实现音频报警。防盗报警装置的警戒触发装置应考虑自动和手动两种方式，安装时应注意隐蔽性和保密性。防盗报警系统的探测遥控等装置宜采用具有两种传感功能组成的复合式报警装置，并应与闭路监视系统结合，以提高系统的可靠性和灵敏性。

5.10.1　系统设置

干线综合管廊、支线综合管廊应该设置监控与报警系统。综合管廊监控与报警系统应该设置环境与设备监控系统、安全防范系统、通信系统、预警与报警系统，宜设置地理信息系统。预警与报警系统应根据所纳入管线的种类设置火灾自动报警系统及可燃气体探测报警系统。

监控与报警系统的架构、系统配置应根据综合管廊的建设规模、纳入管线的种类、综合管廊运行维护管理模式等确定。监控、报警、控制及联动反馈信号应传送至监控中心。综合管廊监控与报警系统要根据管廊运行管理需求，预留与各专业管线配套的检测设备、控制执行机构或专业管线监控系统联通的信号传输接口。

5.10.2　配套用房

综合管廊应该设置监控中心、现场设备间等配套用房或构筑物。监控中心应符合下列规定：

（1）监控中心的设置应能满足安全、可靠，操作、使用、维修及管理方便的要求，控制室面积不宜小于 20m²。

（2）监控中心中央层设备的排列，应便于操作与维护。消防系统设备应集中设置，并与其他系统设备有明显间隔。

（3）监控中心控制室严禁穿越与监控系统无关的管线；消防系统工作区域严禁穿越与消防无关的管线。

（4）监控中心控制室不应设置在电磁场干扰较强及其他影响监控与报警系统设备正常工作的场所附近。

（5）监控中心控制室温度宜为 16 ~ 30℃，相对湿度宜为 30% ~ 75%，并应通风良好。

（6）监控中心控制室应采用无眩光及节能灯具，工作区照度应符合现行国家标准《城市综合管廊工程技术规范》GB 50838—2015 的规定。

（7）监控中心与综合管廊之间宜设置专用连接通道。

综合管廊监控与报警系统现场设备间应符合下列规定：

（1）综合管廊内监控与报警控制及汇聚设备集中安装的场所宜设置现场设备间。

（2）服务于两个及以上防火分区或通风分区的设备集中安装处应设置现场设备间，且应与管廊舱室防火分隔。

（3）现场设备间的空间应满足监控与报警设备的运输、安装、操作、维护的要求。

（4）现场设备的环境应满足设备运行、人员安全的要求。

（5）现场设备间不应穿越与其无关的管线。

（6）现场设备间宜与人员出入口合建。

（7）配电设备宜与监控和报警系统设备共用现场设备间。

5.10.3　供配电

监控与报警系统中火灾自动报警系统、可燃气体探测报警系统应设置交流电源和蓄电池备用电源。交流电源应采用消防电源，备用电源可采用火灾报警控制器和可燃气体报警控制器自带的直流备用电源。

综合管廊监控与报警系统中环境与设备监控系统、安全防范系统、通信系统、统一管理平台等供配电应符合下列规定：

（1）应由不间断电源装置供电；

（2）各系统可共用不间断电源装置，共用的不间断电源装置至各系统的供电回路应采用专用回路；

（3）不间断电源应有自动和手动旁路装置，且后备蓄电池连续供电时间不宜小于60分钟；

（4）不间断电源装置的容量不应小于接入设备计算负荷总和的1.3倍。

5.10.4　雷电防护与接地安全

监控与报警系统应设置可靠的等电位连接与接地系统，满足人身安全、设备安全及电子信息系统正常运行的要求。

监控与报警系统的功能接地与防雷接地、保护接地宜共用接地网，接地电阻不应大于1Ω。

监控与报警系统应设置电子信息系统雷电防护系统，并应符合现行国家标准《建筑物电子信息系统防雷技术规范》GB 50343—2012的有关规定。

5.10.5　设备与线路

综合管廊内监控与报警系统设备应满足地下环境的使用要求，设备防护等级不宜低于IP65，感烟探测器的设备防护等级应满足《火灾自动报警系统设计规范》GB 50116—2013的要求。

监控与报警系统线缆与安装敷设应符合下列规定：

（1）线缆宜采用穿保护管或桥架的明敷方式，保护管、桥架、安装支架及附件应满足防腐及抗冲击的要求。

（2）信号电缆与电源电缆不应共用同一电缆，并不应敷设在同一根保护管内。

（3）不同电压等级的电缆不应穿入同一根保护管内，当合用同一桥架时，桥架内应由隔板分隔。

（4）监控与报警系统配电、控制、通信等线路应采用阻燃线缆。在火灾时需继续工作的消防线路应采用阻燃耐火线缆，并在敷设线路上采用防火保护措施。

安装在天然气舱内的设备与线路应符合现行国家标准《城市综合管廊工程技术规范》GB 50838—2015和《爆炸危险环境电力装置设计规范》GB 50058—2014有关爆炸性气体环境的防爆规定。

监控与报警系统中使用的设备必须符合国家法规和现行相关标准的规定，并经检验或认证合格。

5.10.6 系统监控

1. 一般规定

环境与设备监控系统应根据综合管廊附属机电设备、纳入管线种类、运行管理要求设置。

环境与设备监控系统应对管廊环境质量进行监测，并应对通风系统、排水系统、供配电系统、照明系统的设备进行监控和集中管理。

环境与设备监控系统的设置应遵循集中监控和管理、分层分布式控制的基本原则。

环境与设备监控系统应具有接入专业管线配套检测设备、控制执行机构信号的可扩展功能。

环境与设备监控系统设备宜采用工业级产品。

环境与设备监控系统宜由中央层、现场控制层及设备层组成。环境与设备监控系统中央层监控功能可由统一管理平台实现。现场控制层设置应符合下列规定：

（1）宜由若干台现场控制单元、工业以太网组成。

（2）现场控制单元控制器宜采用可扩展、易维修的模块化结构，各类模块应具有防潮性、防腐蚀性，符合现行国家标准《可编程序控制器　第2部分：设备要求和测试》GB/T 15969.2—2008 的有关规定。

设备层宜由现场仪表、终端设备或其控制箱等组成。设备层的信息宜采用现场总线或硬接线传输。

环境与设备监控系统应具有标准、开放的通信接口及协议。

综合管廊各类舱室的环境参数检测内容、气体报警设定值应符合现行国家标准《城市综合管廊工程技术规范》GB 50838—2015 的有关规定。环境质量参数检测装置设置应符合下列规定：

（1）管廊沿线舱室内氧气、温度、湿度检测仪表设置间距不宜大于 200m，且每一通风区间内应至少设置一套。

（2）含热力管线的舱室顶部应设置具有实时温度检测功能的线型分布式光纤探测器。

（3）应设置硫化氢（H_2S）、甲烷（CH_4）气体检测仪表的舱室，每一通风区间应设置在管廊内人员出入口和通风回风口处。

（4）气体检测仪表传感器安装高度应根据检测气体密度确定。当其密度小于空气密度时，传感器应安装在距管廊顶部不超过 0.3m 的位置，当其密度大于或等于空气密度时，检测传感器应安装在距管廊地坪 0.2 ~ 0.3m 的位置；氧气检测传感器宜安装在距管廊地坪 1.6 ~ 1.8m 的位置。

（5）集水坑处应设置水位检测装置，对启泵、停泵、报警液位进行测量。

（6）排水区间地势最低处应设置危险水位检测装置。

（7）各类现场检测仪表的安装应有避免凝露、碰撞等影响的防护措施。

环境与设备监控系统中央层应对整个管廊内的环境参数进行监视和超阈值报警，应对附属设备等进行远程监测、远程操作和管理，应能提供环境监测测量数据、系统设备状态的历史数据的报表。

对附属设备控制方式宜采用就地手动、就地自动和远程控制。

2. 智能管控系统

综合监控系统中，管廊内的各子系统状态均可在后台指挥中心统一展示。通过管廊综合管控系统提供的远程监控功能，能够将管廊现场的监控站建设成为无人值守监控站。可以远程实现排水设备、配电房、消防设施、通风系统、照明系统等的实时远程监控、控制（图 5-35）。

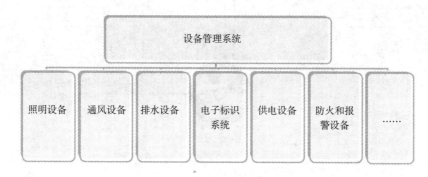

图 5-35　管廊设施设备监控图

综合监控系统的操作员能够通过网页浏览器、智能手机、平板电脑等多种方式浏览监控系统的画面，了解系统运行情况，并能在需要的时候进行控制。

3. 通风系统监控

通风系统监控应符合以下规定：

（1）应对通风机组运行状态、故障信号进行监测。

（2）风机分主、备用设置时，宜具备主、备用风机轮换功。

（3）正常工况当管廊内无人员时，综合管廊通风系统应根据管廊内外温湿度的情况、管线正常运行所需环境温度限值要求进行控制。

（4）工作人员进入管廊前或管廊内有人员时，若管廊内氧气含量低于19.5%（V/V），应启动通风设备直至氧气含量恢复至正常值。

（5）当管廊内硫化氢（H_2S）含量高于$10mg/m^3$时或甲烷（CH_4）含量高于1%（V/V）时，应启动通风设备。

（6）根据管理制度，定时启停控制。

天然气管道舱和含有污水管道的舱室采用机械进、排风的通风方式，其他综合管廊也采用自然进风和机械排风相结合的方式。风机自动控制逻辑见图5-36。

每个综合管廊防火分区设置一台开停传感器、一台电压电流互感器，实现对排风扇的工作状态进行实时监测。并实现（不限于）下列情形下的排风扇自动启停。

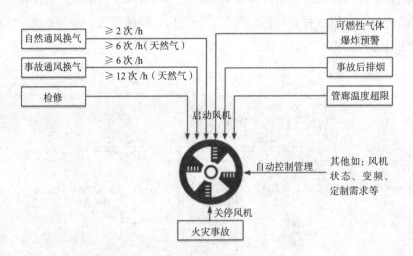

图 5-36　风机自动控制逻辑示意图

（1）自动通风换气，正常情况下≥2次/h，事故通风换气次数≥6次/h；其中，天然气管道舱正常通风换气次数≥6次/h，事故通风换气次数≥12次/h。

（2）可燃性气体浓度达到爆炸报警值时，启动事故段分区及其相邻分区的事故通风设备。

（3）火灾事故时，自动关闭火灾发生点的防火分区及相邻分区的通风设备。

（4）事故后的自动启动通风设备进行排烟。

（5）管廊温度高于40℃或检修时启动通风设备，控制管廊温度和保证空气流通。

4.排水系统监控

城市管廊综合监控管理系统设置自动排水系统（图5-37）。排水系统监控应符合下列规定：

（1）应对排水泵运行状态、故障信号进行监控；

（2）应根据集水坑水位高低自动控制排水泵的启停；

（3）排水泵分主、备用设置时，宜具备主、备用排水泵轮换功能。

每个防火区的集水坑设置一台开停传感器、一台电压电流互感器，实现对水泵的工作状态进行实时监测。并实现（不限于）下列情形下的排水泵自动启停。

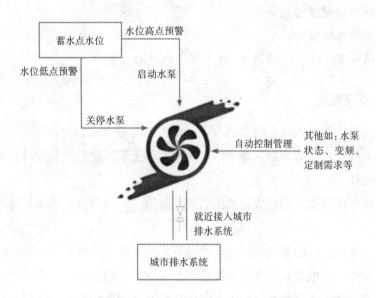

图 5-37　水泵自动控制逻辑示意图

（1）综合管廊的低点设置集水坑及自动水位排水泵。

（2）综合管廊的排水就近接入城市排水系统，并设置逆止阀。

5.照明系统监控

（1）应对照明系统的开、关状态信号进行监控。

（2）应根据人员巡检、应急处置等要求进行远程控制。

（3）应根据安全防范系统联动要求进行远程控制。

6. 附属设施供配电系统监控

（1）应对变电所、配电单元的进线开关、主要馈线开关的状态、故障跳闸报警信号进行监控；

（2）宜对变电所、配电单元的进线电量和失压、过电压、过电流报警信号进行监控；

（3）宜对变压器的运行状态和高温报警信号进行监控；

（4）应对不间断电源装置（UPS）运行状态及故障报警信号进行监控；

（5）应对应急配电箱、应急电源装置（EPS）的运行状态及故障报警信号进行监测，并上传至中央层。

当管廊内发生如下异常时，应启动人员出入口的警报装置，并向安全防范视频监视系统发送联动信号：

（1）热力舱温度超高异常；

（2）危险水位报警；

（3）硫化氢（H_2S）、甲烷（CH_4）等气体越限报警。

5.10.7 监控要求

本节规定了对进入综合管廊的专业管线为满足综合管廊公共环境安全所应设置的最低监控要求。应根据入廊管线的特点对专业管线进行监控设计，并应纳入专项管线设计。

当入廊专业管线采用自成体系的监控系统时，专业管线监控系统应符合下列规定：

（1）应通过标准的通信接口接入综合管廊统一管理平台，将影响到人身安全、管廊本体安全、其他专业管线安全的信息及应急处理信息与统一管理平台共享。

（2）当管线发生事故时，由专业管线监控系统对管线配套设备进行必要的应急控制，并同时报知综合管廊统一管理平台。

当入廊专业管线未采用自成体系的监控系统时，专业管线配套检测设备、控制执行机构的测控信号可接入综合管廊环境与设备监控系统，并应符合下列规定：

（1）综合管廊环境与设备监控系统应将采集的相关信息通过统一管理平台与相关专业管线单位共享。

（2）当管线发生事故时，在专业管线单位授权的前提下，综合管廊环境与设备监控系统可根据与专业管线单位共同制定的应急预案，对管线配套设备进行必要的应急控制。

入廊电力电缆应设置电气火灾监控系统。入廊专业管线的监控应符合国家现行相应专业的相关技术规范、标准。

5.10.8 系统维护

综合管廊监控与报警系统建成后，应由专业单位进行日常维护。综合管廊的日常管理单位应建立健全监控与报警系统维护管理制度，并应会同各专业管线单位编制维护管理办法、实施细则及应急预案。

监控与报警系统的维护应严格执行相关的维护管理制度，定期对监控与报警系统及设备进行巡视、检查、测试和记录，保持监控与报警系统设备完好与正常使用，保证系统、设备的正常运行及信息的准确性和完整性，并应与综合管廊其他维护工作相配合。

监控与报警系统维护应以各组成系统为单位进行，按照系统关联特征分别从设备设施层面进行单体维护、从系统层面进行整体维护。

按国家规定或制造厂设定的仪表检定周期对现场仪表和探测器进行检定，并应按制造厂规定的产品设计寿命年限进行更换。

定期对综合管廊附属设施的执行器、驱动器进行检查与维护，并配合专业管线单位对其所属的执行器、驱动器进行检查与维护，保证其能够可靠、准确地执行监控与报警系统的控制指令。

及时升级防病毒软件。定期检查监控与报警系统不间断电源、应急电源等的工作状况。每年进入雷雨季节前必须检查与测试监控与报警系统各类接地器（极）接地电阻，并应定期检查防雷与防电涌保护器，确保其在线有效性。

火灾自动报警系统、可燃气体探测报警系统的维护应符合《火灾自动报警系统施工及验收规范》GB 50166—2007 的有关规定。

综合管廊巡视维护的安全管理应符合《密闭空间作业职业危害防护规范》GBZ/T 205—2007 的有关规定。

综合管廊监控与报警系统在建设、维护及改造过程中应建立档案资料管理制度，档案资料的存放、保管等应符合国家现行标准的有关规定。

综合管廊监控与报警系统的维护应符合《城市综合管廊工程技术规范》GB 50838—2015 的有关规定。

5.11 智能设备集成管理系统

综合管廊中管线较多，一旦有突发事件发生，情况将变得十分复杂。因此，建议通过建设集成管理系统，将综合管廊内的环境监测系统、可燃气体探测系统、监控系统、火灾自动报警与消防系统和安全防范系统在逻辑上和功能上进行集成，并通过统一系统平台和操作界面，将各个具有完整功能的独立子系统整合成一个有机整体，通过信息交换和共享，实现联动控制、综合监视和优化运行，并提供统一的、开放的数据接口。

智能设备集成管理系统为了便于系统升级和先进技术的应用，一般采用先进、通用的软件开发技术和系统构架，它能为监控中心提供全面、综合的综合管廊设备、环境信息。在日常运行过程中可提供机电设备和系统的运行数据、历史数据和统计信息，实现设备的维护和管理。遇紧急事件，可由值班人员进行操作，对综合管廊内的管线或应急抢险人员进行统一调度，保证综合管廊的安全。例如：当安防系统报警或接收到环境与设备监控系统、火灾自动报警系统的联动信号时，集成管理系统应能打开报警现场照明并将报警现场画面切换到指定的图像显示设备显示；当安防系统接收到可燃气体报警系统的联动信号时，应能将报警现场画面切换到指定的图像显示设备显示；出入口控制装置应与环境与设备监控系统、火灾自动报警系统联动，在紧急情况下应联动解除相应出入口控制装置的锁定状态。

管廊管理单位应建立严格的安全管理体系，以界定现场操作和监控中心各类人员的操作权限，以免发生不必要的情况。此外，还应建立标准、统一的数据库，并具有标准的开放接口，便于被集成信息的利用和更高层次的信息集成，为综合管廊的管理和调度提供基础平台。

第6章　城市综合管廊智能化展望

6.1　综合管廊智能化发展的优势

综合管廊及智能化具备较明显的综合优势。

第一是有利于城市地下空间的合理规划利用。综合管廊的建设可以更加集约化、更加有效地利用地下空间，避免传统直埋模式地下管线杂乱无章的无序状况，并可以根据城市发展的规划为地下市政管线的远期扩容提前预留空间。

第二是长期看有较明显的经济效益。综合管廊建成后，管线在管廊内架设铺装，人员及机械可以随时接触管线并进行维修维护等，可以避免传统直埋模式下因管线扩容、维修、抢修以及管线相互影响、施工破坏等造成的渗漏等诸多浪费，同时可以节省因道路反复开挖恢复导致的额外施工浪费。据相关资料显示，传统管线直埋模式下，每年因管线施工破坏、维修、扩容、道路开挖恢复等造成的直接成本浪费数以亿计。由此导致的商业营业损失、塞车、环境污染、噪声等间接浪费更加巨大。在综合管廊模式下，这些浪费可以得到有效避免。同时，综合管廊避免了管线直接接触土壤及地下水，有效减少了对管线的腐蚀，延长了管线使用寿命，降低了管线成本。

第三是社会效益和环境效益。综合管廊具备一定的防灾性能，战时可作为人防工程使用。同时综合管廊避免了各类管线检查井井盖失窃等造成的间接危险等，同时促进了道路的美观，减少了对交通的不良影响。同时避免了直埋模式下道路反复开挖对正常的生产生活造成的各种不良影响和各类架空线造成的视觉污染，提升了城市形象，有利于城市土地增值，优化城市化境，具备较明显的社会效益和环境效益。

第四是管线维护管理更便捷。综合管廊中维护维修人员及机械等可以在不破坏道路，不影响正常生产生活的情况下直接接触到管线并完成维护维修，避免了直埋模式中必须破路才能对管线进行操作的不利前提，对在不影响正常生产生活的前提下更快发现并解决各类管线问题提供了有力保障。

6.2 综合管廊智能化技术发展趋势

可以预见,智能化、绿色化、工业化将成为未来综合管廊建设管理发展的趋势。

6.2.1 BIM技术在综合管廊中的应用

1.BIM技术在综合管廊的价值体现

建筑信息模型(简称BIM)以建筑工程项目的各项相关信息数据作为模型基础,进行建筑模型的建立,通过数字信息仿真模拟建筑物所具有的真实信息。目前,该技术已广泛应用于房屋市政工程施工领域,具有可视化、协调性、模拟性、优化性和可出图性五大特点。应用BIM技术可以进行设计优化、施工模拟,以动画形式辅助技术交底,有利于指导及规范化施工,节约项目成本,缩短施工工期,是提高施工质量、优化施工方案的重要手段。

在传统顶管作业中,施工员需在管道内手动操控顶管机头进行推进作业,在超长距离顶进情况下,人员往返机头的方向控制区与井内的推进系统需要耗费较长时间。同时,机头内施工环境噪声大,内外信息沟通不畅,容易导致工序跟进不及时。特别是大管径顶管施工难度更大、技术要求更加严格。引入BIM技术对顶管施工进行管理,有效地减少了施工过程中的管控失误,节约了项目成本。施工员在操控室内通过远程操控就能控制机头顶进作业。通过信息模型的建立对顶管施工场地及顶管工作井、接收井尺寸进行优化。顶进系统预先设置好了工序,避免了人工误操作,大大提高了施工效率。在顶管施工中,信息技术的广泛应用也将引领城市管廊建设步入"智慧时代"。

BIM技术是辅助项目全过程实施的技术,能够连接建筑项目生命期不同阶段的数据、过程和资源,是对工程对象的完整摘述。利用可视化和可模拟性等特点将工程提前在计算机中模拟建造,将项目全过程中可能出现的问题提前检查、提前解决,形成一套完整的实施方案。同时,BIM技术创造了一个集成化的管理环境,在项目管理过程中减少风险。

利用BIM技术提高管廊设计质量,避免施工过程的返工,使综合管廊工程真正做到规划先行。BIM针对特殊部位和复杂节点可以可视化展现施工方案、施工场地规划,有效提高建造效率,为节约土地资源提供充足的依据。

2.BIM助力综合管廊智能化建设步入快车道

近两年,综合管廊的快速发展带来很多机会,许多设计、施工企业纷纷"摩拳擦掌",想要在综合管廊的建设中分得一杯羹。但是,国内拥有综合管廊设计、施工经验的建筑企业并不多,即使是有经验的设计、施工单位,综合管廊的施工难度之大,也是摆在其面前的一道难题。

住房城乡建设部《2016—2020年建筑业信息化发展纲要》中提出,大力推进BIM、GIS等技术在综合管廊建设中的应用,建立综合管廊集成管理信息系统,逐步形成智能化城市综合管廊运营服务能力。

我国综合管廊建设正在加速推进。不得不承认,与国外综合管廊建设水平相比较,我国的综合管廊发展较为缓慢,这主要是受资金短缺、政策法律层面不健全等因素制约。但随着相关政策推广与PPP模式的加速落地,综合管廊迎来政策春风,建设已箭在弦上。

据统计,目前我国共有30多种城市地下管线,除市政排水管线外,其余均由各产权单位负责建设和管理。然而,多家单位共同参与管廊建设就会加大设计、施工及后期运营维护管理的难度。

《城市工程管线综合规划规范》GB 50289中指出,综合管廊宜建设在交通运输繁忙或工程管线设施较多的机动车道、城市主干道以及配合兴建地下铁道、立体交叉等工程地段,以及城市广场或者主要道路的交叉处。

防水是地下工程面临的普遍问题,有一说法称"十缝九漏",在综合管廊的细部构造包括施工缝、变形缝、穿墙套管、穿墙螺栓等部位,要充分做好防水措施,施工单位必须给予重视。否则,工程竣工后,出现渗漏现象,相关人员不能随意地刨掘道路对工程进行维修与修补,这将会带来巨大困难。

BIM技术可以有效解决综合管廊项目管线排布复杂、施工难点多的问题,并可以应用于综合管廊全寿命周期的方方面面。

综合管廊的隐蔽工程众多,以往只能依靠设计人员的主观想象去设计,难免会出现纰漏。BIM软件拥有强大的可视化功能,可以实现综合管廊廊体任意角度剖切,协助设计人员查看隐蔽工程的空间与结构。另外,综合管廊中管线众多,穿插频繁,管线标高难免会出现碰撞,BIM软件也可以协助设计人员查看各支管的信息和精确测量管道间距离,实现最优的设计方案。

综合管廊一般位于交通运输繁忙或工程管线设施较多的主要车道,地下施工作业多,施工难度大,故选择合理科学及便捷的施工方案尤为重要。BIM可以通过施工模拟,快速构建包含时间、空间信息的数字模型,直观、精确地反映综合管廊的施工过程。运用BIM技术进行施工方案模拟,对管道的运输、施工过程、机械配置等进行预演，确定施工顺序，比较多种方案的可实施性与便捷性，提前暴露出施工方案中的安全隐患与冲突问题，为施工方案的择优提供依据。

此外，建模完成之后，通过结构与机电进行碰撞检查，发现各结构之间的设计矛盾点，并通过 BIM 软件进行管线综合优化布置。在运营维护阶段，通过与 GIS 技术的结合，实现智能化运营维护管理。

3.BIM 技术综合应用

城市综合管廊设计标准高、施工体量大、周期长。将 BIM 技术全面应用于综合管廊的设计、施工全过程，通过方案模拟、深化设计、管线综合、资源配置、进度优化等应用，避免设计错误及施工返工，能够取得良好的经济、工期效益。

（1）利用 BIM 技术对管廊节点、监控中心结构、装饰等进行建模、仿真分析，提前模拟设计效果，对比分析，优化设计方案。

（2）利用 BIM 的 3D 实体比例模型进行管线碰撞检查。

（3）将模型导入 Navisworks 软件，采用第三人行走模式，进行净空检查。

（4）结合勘察资料、设计图纸，利用 BIM 技术建模，厘清桩端持力层、岩面等关键隐蔽节点，提前制定施工管控措施。

（5）利用建筑、结构、管线的综合 3D 模型及 Navisworks 软件虚拟漫游，进行可视化交底，并在管线安装过程中实时对安装工况及效果进行评估，及时纠偏。

（6）利用 BIM 的参数化、可视化模型等特点，集中物资、价格、形象进度等信息，方便施工资源调配及进度优化控制。

4."BIM+GIS"技术在综合管廊建设中的应用

BIM 是以三维数字技术为基础，对工程项目信息进行模型化，提供数字化、可视化的工程方法，贯穿工程建设从方案到设计、建造、运营、维修、拆除的全寿命周期，服务于参与工程项目的所有各方。

GIS 是一种特定的十分重要的空间信息系统。在计算机硬、软件系统支持下，对整个或部分地球表层空间中的有关地理分布数据进行采集、储存、管理、运算、分析、显示和描述的技术系统。

要准确把握一项市政工程如道路、桥梁、地道、综合管廊从宏观到微观的全面信息，包括周边环境、地质条件和现状管线等。"BIM+GIS"正好互补两者之间信息的缺失。

采用"BIM+GIS"三维数字化技术，将现状地下管线、建筑物及周边环境三维数字化建模，形成动态大数据平台。在此基础上，将综合管廊、管线及道路等建设信息输入，以指导综合管廊的设计、施工和后期运营管理，有效提高地下综合管廊工程的建设和管理水平。

通过"BIM+GIS"技术，大大方便后期运营管理智能化的实现，通过运营管理智能化监控平台的建设，实现综合管廊运行的安全性、可靠性和便捷性。

6.2.2 大数据技术在综合管廊中的应用

综合管廊属于地下密闭空间，一旦发生灾害，甲烷、一氧化碳等危险气体达到一定浓度时，将对抢修人员造成人身安全威胁。由于管廊监测点众多且分布极广，现有的基于物联网技术的管廊环境监测系统，利用温湿度传感器、液位传感器、氧气传感器、甲烷传感器、硫化氢传感器等，对管廊环境进行综合监测、感知，产生了海量的由传感器产生而又不适于关系模式的非结构化数据。如何有效地管理这些非结构化数据，迫切需要利用大数据技术，高效地获取非结构化数据所蕴含的有效的管廊监测信息，实现智慧的管廊监测分析和决策，让管理人员及时掌握管廊健康状况，对即将出现的问题进行处理，预防事故发生。

管廊监测大数据中心，对提高综合管廊环境监测的智能化水平具有重要的现实意义，促进城镇化发展质量和水平全面提升。

1. 管廊监测大数据

（1）大数据定义

维基百科对"大数据"的定义是："使用常用软件工具获取、管理和处理数据所耗时间超过可容忍时间的数据集"。大数据通常被认为是 PB（1024terabytes）或 EB（1EB=100 万 TB）或更高数量级的数据，包括结构化的、半结构化的和非结构化的数据，其规模或复杂程度超出了常用传统数据库和软件技术所能管理和处理的数据集范围。

（2）非结构化数据

非结构化数据已逐渐成为大数据的主体。非结构化数据例如文本、图形、图像、音频和视频等，从内容上没有统一的结构，数据是以原生态形式（rawdata）保存的，因此，计算机无法直接理解和处理，需要基于描述性信息实现对非结构化数据内容的管理和操作。

（3）管廊监测大数据

管廊监测大数据将包括：管廊范围内所有的管廊本体数据（管廊本体空间位置、属性信息），管廊内部附属设施数据（消防栓、通风口、积水井等），以及管廊环境监测系统所产生的温湿度传感数据、液位传感数据、氧气传感数据、甲烷传感数据、硫化氢传感数据等，如图6-1所示。

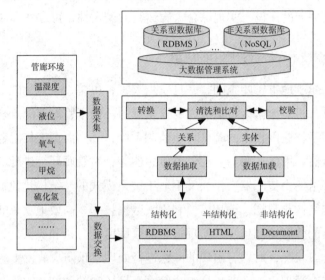

图 6-1　管廊监测大数据中心结构图

2. 关键技术

（1）大数据管理技术

在应对海量的综合管廊监测数据时，需要实现快速的数据储存和读取，并且管廊监测大数据中半结构化数据和非结构化数据所占比重越来越大，关系型数据库已无法满足要求，NoSQL非关系型数据库技术将为管廊监测大数据管理提供可靠的保障。NoSQL技术简单分key-value存储、文档数据库和图数据库等。

（2）大数据分析技术

管廊监测大数据分析技术首先要解决如何将多源异构的数据正确解读、综合分析的问题，并从海量数据环境中，挖掘出数据中潜在的、事先未知的有用信息，为管廊健康状况进行分析与预警。大数据分析技术将包括数据挖掘、信息聚合等技术。

（3）大数据处理技术

海量增长的管廊监测大数据要从不同类型的数据里迅速获取有价值的信息，需要处理大量、非结构化的数据，在处理环节中可以采用高性能、大规模并行的海量数据处理的算法模型与平台来提高海量数据的处理能力。

（4）大数据展示技术

大数据展示技术包括数据分析过程和结果的可视化显示、历史数据的可视化、信息流展示，将大数据复杂的分析，用直观的形式展现出来，进而提高管廊监测大数据的利用效率。

3.管廊监测大数据中心

围绕管廊监测领域业务流、数据流，以地理空间数据、具有时空标识的传感监测数据为基础，结合管廊监测领域空间数据和属性数据，利用计算机技术、3S技术、图形处理技术，建设一个真实准确的集管廊监测数据和电子地图数据、空间信息和属性信息为一体的管廊监测大数据中心，使之成为"智慧管廊"建设的数据基础，全面实现城市地下、地上数据共享应用。

6.2.3　SLAM技术在综合管廊中的应用

1.信息采集

信息需求决定了数据采集的需求。通过综合分析管廊信息化建设的需求，需要以下几个方面采集管廊的基本信息。

（1）管廊本体信息，包括管廊的走向、空间、坡向等基本信息，是管廊内部的地形图数据信息。

（2）设施信息，包括管廊内部设施及管廊附属设施信息。

（3）资产信息，该信息为虚拟信息，但要求在管廊三维平台中以可视化的形式展现出来。

（4）监控点信息，包括监控设备安装点位信息。

（5）监测信息，包括监测设备采集的各类监测信息。

（6）地下周边环境信息，包括城市地下交通、管廊内假设的敏感管线信息、地质信息等。

（7）地上环境信息，包括地上的交通、地上敏感地物信息及其他环境信息。

（8）建设工程信息，包括地上、地下建设工程，地铁、道路、绿化、建筑施工等，主要考虑到其对管廊的安全保护问题。

（9）室内定位信息，包括可采用多种技术手段实现室内定位，但需要考虑到实际的工作效率及成本。

（10）管廊变形监测与管线漏洞监测信息，包括将前后两期高精度点云数据进行对比分析。

2. 信息难点

（1）建设工期段，数据采集时间短

近年来，我国管廊建设发展迅速，城市地下综合管廊信息化建设的需求也越来越旺盛。而考虑到信息化建设工期有限，不能长时间地等待管廊三维数据的采集与处理。

传统非移动的管廊三维数据获取手段采集效率低、速度慢，难以满足快速发展的管廊信息化建设的需要。

（2）城市地下管廊无 GPS 等通信信号

城市地下管廊内无 GPS 信号，其他通信信号差。在进行管廊三维数据获取过程中，难以依赖 GPS 等其他通信手段。传统的测量仪器无法进行室内的测量。迫切需要一种新的技术手段，能取代传统高度依赖 GPS 等技术手段的作业方式。

（3）管廊内部环境和结构复杂

管廊内部的环境与结构复杂，尤其是已经铺设了管线的管廊，内部机构错综复杂，如果采用静态扫描方式，那么采集数据的难度十分大，需要大量的架设扫描站，后期不同架站的数据拼接工作量是十分巨大的。

3. 基于 SLAM 技术的城市地下综合管廊信息化数据采集

（1）基于 SLAM 在城市地下综合管廊进行三维数据采集技术

SLAM（Simultaneous Localization and Mapping），即实时定位与制图，或并发建图与定位。SLAM 最早由 Smith、Self 和 Cheeseman 于 1988 年提出。由于其重要的理论与应用价值，被很多学者认为是实现真正全自主移动机器人的关键。目前进行 SLAM 研究的机构全球超过上万家，但真正用于测量领域，同时能将技术转化成产品的，全球也仅有少量的几家。而目前基于 SLAM 高精度三维地图和依靠采集设备自身的惯性测量装置 IMU 进行定位的技术的研究在国际范围内尚属于初步的发展阶段。

在城市地下综合管廊三维数据采集技术中，采用基于激光扫描（LiDAR）和同步定位与制图（SLAM）进行三维数据采集的技术研究与应用处于逐渐发展的阶段。

国内有采用地面激光扫描技术进行城市地下综合管廊三维数据采集的应用案例。在过去的 30 多年里，随着电子元器件和光电技术的发展，三维激光扫描技术已经成功地从 20 世纪 80 年代的实验阶段和 90 年代的验证阶段跨入成熟的应用阶段。随着三维激光扫描仪在测绘中的应用与推广，一些测绘中的先进技术逐渐集成到扫描仪上，如新型的地面三维扫描仪包含电子气泡、倾斜补偿器、电子对中、多传感器融合（相机、GPS）等，使其成为继经纬仪系统、摄影测量系统及 GPS 后又一重要的三维信息获取手段。但主要受到多重因素的影响而导致应用推广得不够彻底。

1）进一步提高精度，解决精密工程测量问题和工业测量问题；

2）与其他传感器集成，相互利用其优点，扩展应用领域，提高工作效率；

3）进一步研究三维激光扫描仪从静态测量到动态测量的各项指标；

4）数据处理软件的已有功能的完善与新功能的进一步开发；

5）降低设备使用成本。

（2）数据采集解决方案的关键技术

1）基于实时定位与制图（SLAM）的城市地下空间数据采集技术

城市地下综合管廊数据采集需要根据地下管廊结构的不同，而采用不同的数据采集技术手段。

数十种城市地下管廊组成了一个错综复杂的立体结构，而采用传统的室内测图方式难以满足城市地下管廊的管理需求。近年来，移动测量技术与三维激光扫描技术不断应用于城市地下管廊数据采集过程中。

目前移动测量系统主要指基于机动车辆的移动道路测量系统。其中，移动道路测量系统通过机动车上装配的 GPS、INS、数码相机、数码摄像机和激光雷达等设备，在车辆高速行进之中，快速采集道路及道路两旁地物的空间位置数据，特别适合于公路、铁路和电力线等带状地区的基础信息获取。

地面激光扫描技术是一种从复杂实体或实景中重建目标全景三维数据及模型的技术。激光扫描技术突破了传统的单点测量方式，具有速度快、非接触、高密度、自动化等特性，是继 GPS 后测绘领域又一次重大技术革新。激光扫描技术标志性的设备——激光扫描仪是从主动式非接触激光测距仪发展而来。非接触激光测距的方式主要有基于三角原理的单点式、直线式、结构光式测距和基于飞行时间法的脉冲式、相位式。地面激光扫描仪（Terrestrial Laser Scanner，TLS）是采用主动式非接触激光测距，通过扫描镜及伺服马达实现三维扫描，高速度、高密度、高精度地获取目标表面三维点坐标及纹理的信息采集系统。

目前进行三维扫描常见的技术设备有两大类：一类是静态扫描仪，这些设备在城市地下空间扫描时需要事先进行导线布设，然后在布设的已知点上进行一站一站的扫描，处理数据时需要拼接点云，效率特别低，完全不适合在海量的城市地下空间扫描中应用。另一类是三维移动扫描设备。首先，大多数的技术设备配备有高精度的惯性导航系统，设备成本和使用成本高，不利于进行海量城市地下空间数据采集；其次，设备在使用的过程中需要在已知点上严格对中整平，每次采集之前所花费的时间很长，工作效率非常低。

而基于实时定位与制图（SLAM）的城市地下空间三维数据采集技术将结合激光扫描技术与移动测量技术的优势，形成一项全新的三维移动测量技术。该技术应用在没有 GPS 和复杂惯性导航系统的环境下，仅依靠技术设备自身配置的简单惯性测量装置，实现城市综合管道数据的快速、便捷、低成本的采集。

近年来，国际国内众多机构投入大量的精力进行城市地下综合管廊的测量，技术种类众多。对比分析国际国内普遍使用的城市地下空间测量技术，综合考虑了数据采集的效率、成本、精度及技术可推广性等诸多因素，经对比分析，基于实时定位与制图（SLAM）的移动测量技术具有领先水平。

受到城市地下综合管廊布局等诸多因素的影响，城市地下综合管廊立体结构复杂。城市地下综合管廊三维数据测量工作难度较大。城市地下综合管廊测量工作主要受到城市地下空间环境的 GPS 信号差、通信信号差、数据采集难度大等诸多因素的影响，导致城市地下综合管廊三维数据采集的精度低下、工作效率很低且成本较高的局面。

基于实时定位与制图（SLAM）的移动测量的技术关键在于，在没有 GPS 的支持下，如何解决室内高精度定位的问题。最常见的技术便是高精度惯性测量装置 IMU 的使用，但这会使得室内移动设备的成本高居不下，同时没有 GPS 的改正，惯性测量装置 IMU 基于时间累计的误差无法得到校准，导致测量越久，漂移越大。基于此，全球越来越多的学者，将用于机器人领域的实时定位与制图（SLAM），用在移动测量上，这一技术的核心在于，测量的同时，用测量数据进行定位，即无需其他任何辅助设备，用 LiDAR 同时进行扫描和定位。

2）全景影像与激光点云同步采集与匹配的关键技术

数据获取完毕之后的第一步就是对获取的点云数据和影像数据进行预处理，应用过滤算法剔除原始点云中的错误点和含有粗差的点。对点云数据进行识别分类，对扫描获取的图像进行几何纠正。

经过处理的点、线，顾及了建筑物的整体特征，因此可以更好、更准确地表达测量对象的平面特征，从而对激光扫描测量的各个立面进行了整体匹配纠正。

一个完整的实体用一幅扫描往往是不能完整反映实体信息的，这需要我们在不同的位置对其进行多幅扫描，这样就会引起多幅扫描结果之间的拼接匹配问题。在扫描过程中，扫描仪的方向和位置都是随机、未知的，要实现两幅或多幅扫描的拼接，常规方式是利用选择公共参照点的办法来实现这个过程。这个过程也叫作间接的地理参照。选取特定的反射参照目标当作地面控制点，利用它的高对比度特性实现扫描影像的定位以及扫描和影像之间的匹配。扫描的同时，采用传统手段，如全站仪测量，获得每幅扫描中控制点的坐标和方位，再进行坐标转换，计算就可以获得实体点云数据在统一绝对坐标系中的坐标。这一系列工作包含着人工参与和计算机的自动处理，是半自动化完成的。

近年来，三维激光扫描技术不断发展，在数字城市、文物保护、三维重建等领域有着越来越广泛的应用。三维激光扫描仪作为获取三维空间数据的重要手段，能够快速、准确、大量地获得物体的空间几何信息，而高分辨率数码相机能够得到高质量的二维纹理数据，两者对目标的描述具有互补性。这两者的结合可生成精确、真实的三维世界，为虚拟三维环境的构建提供了很好的数据支撑。因此，激光扫描点云与光学影像这两种数据的融合处理在三维建模、地物识别、虚拟场景可视化等方面具有非常重要的意义。

基于实时定位与制图（SLAM）的移动测量的技术无须初始化，开机后即可由操作员推着采集设备在测区范围内进行扫描。最关键的技术是该方式得到的点云是一套完整的点云，不需要进行拼接，这样也就避免了因点云拼接造成的精度损失。所以基于实时定位与制图（SLAM）的移动测量技术具有扫描效率高、数据精度高的特点，特别适用于城市地下空间数据的采集工作。相比传统的静态数据获取方式更节省时间和作业成本，更符合大体量城市地下综合管廊数据精确采集的实际需求。

基于激光扫描（LiDAR）和同步定位与制图（SLAM）技术能够精确得采集室内外三维激光点云数据，而不依赖于GPS或使用复杂的惯导系统。使用SLAM算法，通过三维激光扫描实现地图的建立。在仪器通过时，不间断地采集精细的二维地图数据，并记录光学数据以及LiDAR的时间位置信息，然后根据光学数据建立彩色的三维点云数据，将二维平面视图转换为三维立体环境。且在数据采集过程中，可实时观察采集数据的质量，并能指导数据采集人员现场采集工作，避免采集过程中出现遗漏、错误等情况，确保一次性完成数据采集，提高工作效率。

对外业采集到的点云依次进行预处理、拼接，然后根据点云在后处理软件中建立三维可视化模型，最后加上地下综合管廊中各类地物的属性信息（如名称、材质、规格等信息）形成三维可视化系统。

基于激光扫描（LiDAR）和同步定位与制图（SLAM）协同使用，以达到全景影像与激光点云同步采集与匹配的目的，提高城市地下空间三维数据制作的效率和精度，并且能大幅降低数据采集与处理成本，使得该技术广泛应用于城市地下综合管廊测量成为可能。

（3）技术流程

利用基于 SLAM 技术的 iMS3D（室内三维移动扫描仪）采集地下综合管廊中各类地物的三维激光点云，作为原始数据存储入库。

iMS3D（室内三维移动扫描仪）能够精确地采集室内外三维激光点云数据，而不依赖于 GPS 或使用复杂的惯导系统。使用 SLAM 算法，通过三维激光扫描实现地图的建立。在仪器通过时，不间断地采集精细的二维地图数据，并记录光学数据以及 LiDAR 的时间位置信息，然后根据光学数据建立彩色的三维点云数据，将二维平面视图转换为三维立体环境。

采用 iMS3D 采集三维数据，首先需要对地下管廊的走向、拐点位置、空间大小等进行简单的分析，规划采集路线，随后进行数据采集。在采集过程中，注意保持好行进速度和姿态，对于难以采集到的区域，改用手持式三维扫描仪 DPI-8 进行补充扫描。

对于 iMS3D 设备难以进入的区域，则采用 DPI-8 手持式三维扫描仪进行扫描，DPI-8 与 PPVISION 点云处理软件相结合，可实现快速扫描，实时成像。

6.2.4　光纤传感技术在综合管廊中的应用

智能传感器是一种既有敏感元件又有信号处理线路和 CPU 的传感器，是 CPSM 的触觉器官。研制开发适用于城市管廊特点的管廊智能传感器，不仅可以丰富智慧管网的信息源，而且可以实现管网设备的智能控制。

光纤传感技术是一种以光纤为媒介，通过光波感知、传输信号，并对其进行测量的新型传感技术。目前，这项技术已在许多发达国家得到应用，在国内则刚刚起步。光纤本身体积小、质量轻、易弯曲，尤其适合在易燃、易爆、空间受严格限制及强电磁干扰等恶劣环境下使用。

光纤传感技术始于 1977 年，伴随光纤通信技术的发展而迅速发展起来的，光纤传感技术是衡量一个国家信息化程度的重要标志。光纤传感技术已广泛用于军事、国防、航天航空、工矿企业、能源环保、工业控制、医药卫生、计量测试、建筑、家用电器等领域，且有着广阔的市场。已有光纤传感技术上百种，诸如温度、压力、流量、位移、振动、转动、弯曲、液位、速度、加速度、电流、电压、磁场及辐射等物理量都实现了不同性能的传感。

光纤传感包含对外界信号（被测量）的感知和传输两种功能。

1. 光纤传感器在管廊内的应用背景

（1）管廊属于地下空间，湿度过大会有腐蚀危害。湿度过大时，霉菌会大量滋生，会破坏物质的物理和机械指标。环境相对湿度大于60%，霉菌即可生长，大于RH65%时，生长加快，湿度达RH80%～95%时，是霉菌的高发环境，长期如此，对于电子工业设备的腐蚀不可小觑。《城市综合管廊工程技术规范》GB 50838—2015规定：综合管廊内监控与报警设备防护等级不宜低于IP65。如果要达到国标要求的IP65，便要将设备安置在防护箱内。但防护箱也存在一定问题，防护箱会影响设备散热，同时IP65的防护箱很难完全隔绝气态水进入，长此以往，很难保证防护箱内设备的稳定。因此，电气设备本身的防护能力，更决定了今后运行的稳定性。因此在设备选型的时候，不能太倚重防护箱，更应当注重设备本身的防护能力，最好设备本身（主要指ACU设备，包含PLC、交换机等）可以做到IP65甚至更高等级。

（2）高压电缆是综合管廊最重要的入廊管线之一，随之而来的是强烈的电磁干扰。在综合管廊监控领域，目前一般的做法是拿普通工业应用场景的电气产品组合起来，或者其他应用场景的产品简单移植过来，能基本满足国标的规定，但要保持长期在管廊内部稳定运行，则要打一个问号了。以后期运营维护的角度考虑，以管廊实地应用环境出发，应当尤为注重以上两方面，选择合适的产品，来作为综合管廊运营维护的得力工具。

（3）燃气舱是管廊各舱室最危险的舱室，通过对燃气火灾爆炸施工危险源辨识及危险性的模拟分析可以发现，燃气火灾爆炸事故发生必须具备两个条件，即燃气泄漏危险源和火源危险源的存在。因此，导致燃气火灾爆炸最直接的起因可归纳为燃气泄漏及存在点火源。故对燃气舱的温度及浓度的监测是燃气舱安全运行的保障。而传统型气体检测仪是通过催化燃烧的原理进行气体的监测分析，其传感器就是点火源，即使传统传感器采用防爆防护也会有气体分子进入造成爆炸。因此，应选用本安型传感器。

2.光纤传感技术特点

（1）不带电、本质安全；

（2）以光波长作为长度测量单位，测量精度高；

（3）可以实时监测多种参数如：应力、位移、温度、震动、压力、气体（甲烷、CO、CO_2、O_2、C_2H_2、C_2H_4、C_2H_6）等；

（4）光纤损耗小、传输距离远；

（5）光纤传感器监测和传输一体化，不受外部环境影响，可靠性高。

3.光纤传感核心技术

（1）基于光纤光栅技术的温度、应力应变等传感器。

（2）基于喇曼散射的光纤分布式测温系统。

（3）光纤激光气体检测技术。

（4）光纤声音传感器。

4.光纤光栅类传感器原理

光纤光栅是一个反射型的窄带滤波器。当温度、应变等发生变化时，反射波长发生改变。通过对波长的精确测量可以获得被测信息。主要传感器：点式温度、水位、变形量（位移、测斜仪等）。光纤传感器原理见图 6-2。

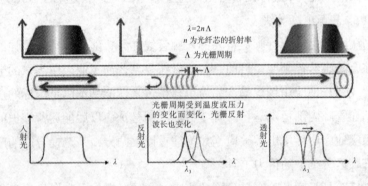

图 6-2 光纤传感器原理

5.光纤光栅类传感器优势和特点

（1）安全性高：整个系统的信号处理和控制单元处于远离工作区域的控制室，温度信息通过光信号传输，不受电磁干扰，防潮湿，绝缘性能强，本质安全；

（2）精确度高：采用光纤光栅温度传感器，精度 ±0.2℃，分辨率 0.1℃；

（3）定位准确：通过独有的软件技术，能够快速定位测点的具体物理位置；

（4）实时监测：系统能够满足实时在线、全天候测试的需要；

（5）耐腐蚀：光纤光栅本身是无源器件，抗强电磁干扰、耐腐蚀性好、环境适应性强；

（6）快速响应：系统响应时间不超过60秒，确保事故能够得到及时处理；

（7）简单直观：系统的显示屏上可以直接看到各测点的温度情况，在设定温度告警极限后，系统自动提供声光报警；

（8）布设方便：可以根据工程需要，灵活调整探头的布设位置；

（9）兼容性好：通过各种通信接口（串口、网口等），可以实现与外部系统的良好结合，提高系统之间的数据交换速度。

6. 光纤温度传感器

矿用光纤温度传感器，可用于供电设备、电缆接头、机电装备状态在线监测预警；铠装光缆、钢桶型温度传感器可用于采空区、高压电缆温度在线监测。技术优势：漂移小、长期稳定；可用于实时在线监测。

7. 光纤液位传感器

光纤水位传感器是一种光纤光栅型传感器，当水位变化时，传感器底部的弹性膜片受压力变化，该形变转化为光纤光栅波长的变化（图6-3）。

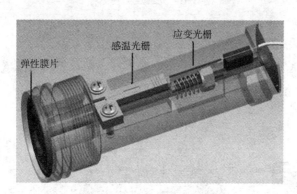

图6-3　光纤液位传感器

8. 光纤应力传感器

通过坝体位移产生的拉应力改变栅距变化，该形变转化为光纤光栅波长的变化（图6-4、图6-5）。精度：0.5mm；量程：0～200mm。

9. 光纤压力传感器

光纤压力传感器如图6-6所示。

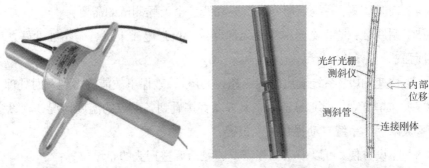

图 6-4 光纤表面位移传感器   图 6-5 光纤内部位移传感器

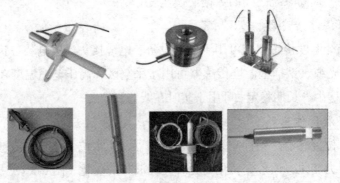

图 6-6 光纤压力传感器

10. 光纤光栅解调仪

可以连接 16 芯光纤，近 200 个不同的光纤光栅传感器（温度、位移、水位、振动等）（图 6-7）。

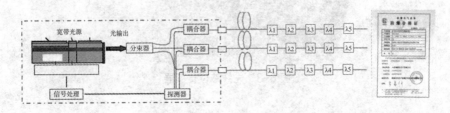

图 6-7 光纤光栅解调仪原理

11. 光纤传感器在管廊内应用——积水坑水位检测

在每个集水坑设置一套光纤水位传感器（取代浮球液位仪），信号传至就近 ACU，当水位达到设定值，启动水泵进行抽水。每防火区段的积水坑水位安装一支，传感器离积水坑底部 15cm，信号光缆传输。

技术特色：采用光纤无源水位传感器，光纤水位传感器使用寿命长，不受水质影响其灵敏度，传输距离远，不受电磁干扰，一芯光纤可连接 4 支传感器。

12. 光纤传感器在管廊内应用——温度传感器

光纤光栅温度传感是对管廊环境温度进行监测，每个防火分区设置 2 个，传感器采用了点式安装。解调主机可与水位传感器主机共用。

13. 光纤传感器在管廊内应用——管廊结构变形监测

利用锚杆计、位移计、土壤压力计及应力变形计对整体结构进行在线监测，根据测试数据变化，计算出沉降趋势，分析本体的稳定性。

管廊内部顶板冒落或者底板受压力挤压鼓起时，管廊内部高度会发生变化。在垂直方向安装监测桩，监测桩安装完毕后，底部支架与管廊底板接触固定，顶部接触头与管廊顶板接触并通过监测桩内支撑弹簧压紧顶板，一旦管廊顶板与底板之间间距减小，原本稳定的监测桩机械结构高度会减小，监测桩高度发生变化，安装在上面的光纤位移传感器会同时动作，监测位移变化量。

光纤传感器实现对地下管廊状态的实时在线监测，并智能分析监测桩监测的数据，完成对地下管廊危险等级的实时评估，在出现危险时（管廊地板突出或者顶板冒落等），可以通过地上地下管廊报警系统同时进行报警。

管廊收敛监测部分包括：光纤光栅解调仪（共用）、报警音响、监测桩（包括机械传动结构、光纤位移传感器）、地下管廊声光报警系统、传输光缆、监控软件等（图 6-8）。

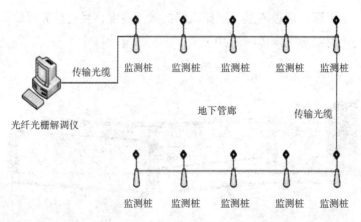

图 6-8　光纤传感器监测管廊结构变形示意图

14. 光纤传感器在管廊内应用——管廊基础变形（沉降）监测功能

管廊基础变形（沉降）监测实现对地下管廊基础变形监测，GPS卫星定位系统是利用卫星定位测点，直接读出测点的坐标，该方法测量精度不高，不能满足目前管廊基础变形监测。因此，通过光纤静力水准仪的测量方法，通过测量液体水平面位置的变化来监测管廊基础变形（图6-9）。

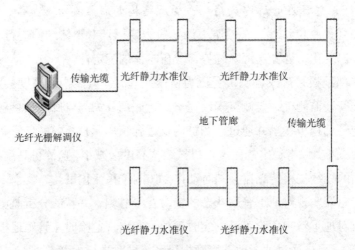

图6-9　光纤传感器监测管廊基础变形沉降示意图

监测部分包括：光纤光栅解调仪（共用）、报警音响、光纤静力水准仪及配套安装结构、地下管廊声光报警系统、传输光缆、监控软件等。

静力水准仪利用连通液的原理，多支通过连通管连接在一起的储液罐的液面总是在同一水平面，通过测量不通储液罐的液面高度，经过计算可以得出各个静力水准仪的相对差异沉降（图6-10）。

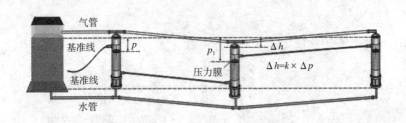

图6-10　光纤传感器监测管廊基础变形沉降原理图

该监测系统中采用的光纤光栅静力水准仪采用压差式设计，大大提高了测试精度，利用光纤光栅作为微测力元件，通过水位高度差产生的压力对光纤光栅波长的影响来测量静力水准仪相对基准水面的沉降量。

15. 光纤传感器在管廊内应用——管廊应变监测

管廊应变监测实现对管廊监测部位（管廊顶部、两帮）应变的实时监测，对有突变的情况及时进行报警，以便及时对安全隐患进行排查解决（图6-11）。

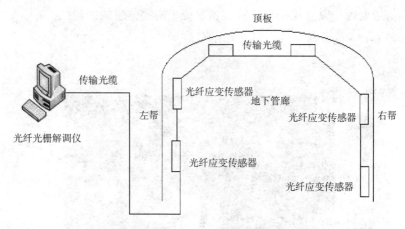

图6-11　管廊应变监测示意图

管廊应变监测部分包括：光纤光栅解调仪（共用）、光纤表面应变传感器及安装支架、传输光缆、监控软件等。

管廊建造完成，趋于稳定后，其结构内部应力基本无变化，若其结构在外部作用力下，本身内部平衡破坏后会建立新的平衡，这时新的平衡中结构的应变会发生变化。因此，可以通过监测管廊结构的应力变化来监测管廊的结构安全，在管廊内部，应力集中容易变化引起危险因素的部位为监测的关键部位，通过将应变传感器合理布置在关键部位，实时监测管廊重要部位的应力变化。

16. 光纤多通道激光甲烷传感器

光纤激光甲烷传感器与光纤甲烷解调仪通过多芯光缆连接，光纤激光甲烷传感器无源、免标校、远距离传输等优势特别适合于天然气舱管道检测的现场环境。

17. 管廊光纤震动监测技术

设置距离远：使用标准通信光缆，距离可达40km以上。

探测距离远：系统对人的探测距离可达50m以上，对车辆探测距离达150m。

反应迅速：对监控区域振动信号 24 小时实时监测。

极佳的稳定性：可在风、雨、雹、雪、雾天气等恶劣环境中使用，不受雷击影响，防电磁干扰，不间断监测目标。前端埋设地下，隐蔽，不易破坏。

安全可靠：使用光纤进行信号采集和传输，前端完全无电，本质安全。

高度智能化，轻松实现无人值守：在检测到异常时可以通过短信和互联网将报告发送给直接负责人。开放性设计，便于数据管理及现场控制。

准确率高：高灵敏度、大动态范围、宽频带传感器，采集振动信息完整，通过后端信号处理，充分挖掘信息特征，保证了报警信息的准确性。

如图 6-12 所示。

图 6-12　光纤震动监测

应用该系统可以实现对管廊周边较弱震动事件进行实时监测，经过系统软件的统计分析后，可以对监测区域当前的危险等级进行评估，并对其下一时段的危险等级进行预测，预防可能发生的冲击危险以争取宝贵的时间，防止管廊受外力的破坏。

光纤分布式振动监测技术：当光在光缆中传输时，由于光子与纤芯晶格间发生作用，不断向后传输瑞利散射光，当外界有振动发生时，引起光缆中纤芯发生形变，导致纤芯长度和折射率发生变化，背向瑞利散射光的相位随之发生变化，这些携带外界振动信息的信号光，反射回系统主机时，经光学系统处理，将微弱的相位

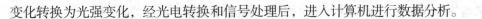

变化转换为光强变化，经光电转换和信号处理后，进入计算机进行数据分析。

18. 基于光纤气体检测的管道泄漏检测

管道在长期服役过程中，一方面，由于管道老化或密封不严会发生油气的缓慢微泄漏，特别容易在管道附近地势低洼地带聚集；另一方面，天然气管道的泄漏会迅速在周围范围内扩散，扩散的燃气一遇明火易发生爆炸，同时可能会导致管道周围人员窒息。将光纤激光甲烷传感器布置在天然气舱内，在相对狭小密封环境，燃气管道一旦发生泄漏，传感器会迅速及时地检测到泄露的气体并在第一时间发出报警信号，提示采取应对措施。

19. 基于温度检测的泄漏检测

根据利用范德瓦尔斯气体状态方程为燃气建立的实际气体模型，并对燃气管道泄漏时产生的温度变化建立的理论模型，对理论结果的数值分析及仿真分析认为，管道泄漏气体所引起的周边介质的温度变化，因泄漏产生的温度变化随气体膨胀的倍数变化不明显，而随气体在管内的密度变化比较明显。不管是管道泄漏处裸露在大气中还是埋在地底下，泄漏产生的温度降低差异不大，因此分布式测温对途径不同环境的管道泄漏检测均适用。因此，将分布式测温光缆布置在天然气舱内燃气管道管壁，在燃气管壁发生破损，内部压力气体外泄将导致贴附在管壁的分布式光缆温度降低，通过监测系统可以发现温度异常并进行定位，找出泄漏点位置。

20. 光纤照明

光在光纤中传输的基本原理是光的全反射。光纤由纤芯和包裹在纤芯周围的包层组成，纤芯材料一般为玻璃或聚合物，其折射率比包层折射率小。当光从折射率较小的纤芯材料传播到折射率较大的包层时，光被反射回来。这样，光就被限制在纤芯中，并向前传播。

6.3　综合管廊智能化发展中面临的问题

与传统的市政管线直埋模式相比，综合管廊具备明显的优势，但综合管廊从规划、投融资、建设以及后期的维护和运营管理等多方面还存在较多问题和不足，直接制约了综合管廊的广泛推广应用。

（1）规划设计决策的潜在风险性。由于综合管廊需要一次性建设的特点，综合管廊的规划、设计必须较准确地预测城市的发展远景。要根据城市的长远发展规划为市政管线的扩容等预留足够的空间。如果空间预留不足，就好比城市道路修建过窄，同时又没有足够的拓宽条件，将来势必造成管线拥堵等一系列连带问题。如果再补充敷设地下管线则失去了综合管廊本身建设的意义，造成额外浪费。如果一次性预留空间过大，在较长一段时间内管廊空间不能得到充分合理的利用，则会造成巨大的投资浪费。这种预测需要结合城市发展的远期规划，综合考虑城市未来的人口数量、城市定位、财政能力、市政基础设施容量等城市发展的诸多因素，要想准确预测未来的需求比较困难，存在较多的不确定性，这就给综合管廊的规划设计决策带来了较大潜在风险。

（2）项目建设初投资较大。综合管廊必须形成网络才能更好地发挥其综合效益，不宜分期建设，需要一次性建设，因此，项目需要的初投资较大。根据国内及青岛高新区已建成的综合管廊投资情况初步核算，暂不考虑融资成本等因素，包括土建、设备安装等在内的直接建设成本每米高达近三万元，综合考虑每公里平均造价近三千万，这里还不包括管廊内管线敷设的费用（表6-1）。综合管廊属于市政基础设施，更多具备公共产品的属性，因此，无法将其盈利性和投资回报作为建设的出发点。项目建设投资更多依赖于政府投入以及相应的投融资政策保证。如此大的投资规模对地方财政来讲是很大的挑战，因此，目前大规模的城市基础设施建设的融资很大程度上需要吸引社会投资，采取 BT、BOT 等多种融资模式。单纯依靠当地政府的财政投入很难满足综合管廊大规模的融资需求。如果地方的财政实力或融资政策不足以支撑如此规模的投资，对综合管廊的发展会造成直接的制约。

干线综合管廊每延米综合估算与直埋工程费用比较估算表　　　　　表 6-1

工程内容	综合管廊	直埋（万元/m）	增加比值
土建安装费用	2.64	0.94	
附属设施及其他（暂按 5%）	0.13	0	
二次开挖折现	0	0.28	
建设费用合计	2.77	1.22	127%
专业管线（电力、通信、热力、工业、自来水、中水管线）	2.25	2.25	
合计：	5.02	3.47	45%

注：本表考虑将管线直埋后期发生的二次开挖费及掘路费折现后计入其工程费中。主要计算方法为：假设运行期内至少发生一次二次开挖，时间发生于第五年，运行期内不调整掘路费单价，二次开挖工程量暂按工程建设规模的 30% 考虑，基准收益率取 8%。

从表中估算结果可以看出，综合管廊在初投资方面要明显高于直埋管线模式。

（3）不宜在建成区管线改造中使用。综合管廊因其施工占用空间较大，相比更适宜在新城区建设中使用，在建成区由于现状管线复杂，且施工对现有管线以及生产生活环境的不利影响，通常在已建成区难以大规模开展。

（4）工程建设技术规范标准尚不完善。目前综合管廊在国内总体上讲还属于城市基础设施的新事物，尽管其可行性及发展前景已经得到了相关各界的认可，但由于诸多现实条件的限制目前应用规模还不大。政府有关部门尚未出台综合管廊建设的相关技术规范及标准依据可供参照，尤其是各类管线之间的相互影响问题尚无明确的界定。因此，目前各地综合管廊的建设还处于摸索的状态或者参照同类工程的技术规范执行，尚未形成统一的模式和标准。这不可避免地给综合管廊的大规模开发应用形成了一定障碍。

（5）相应法律法规不够健全。目前国内针对综合管廊的产权归属、成本分摊、费用收取等与管廊运营直接相关的重要问题上都没有相应立法。法律层面难以明确的问题就需要当地地方政府以行政手段解决，但目前普遍存在的问题是行政立法相对于管廊建设和应用的滞后。青岛高新区就明显存在这类问题，立法或行政规定、条例等制定的进度跟不上综合管廊建设发展的步伐，因此，如何收取费用等诸多管廊运营方面急需明确和急待解决的问题没有相关行政规定作为依据。收费权等因为缺乏行政体制的保障都必须暂时搁置，但综合管廊建设和发展脚步一直没有停止，这就给综合管廊后期的使用和运营管理造成了很多行政体制上的麻烦和阻碍。

（6）运营管理模式有待探讨。传统的直埋道路管线建设模式是遵循"先下后上，由深至浅"的原则，由新建或改建道路的建设单位作为牵头单位统筹管理，各管线单位自行筹资建设资金，根据管线规划按顺序施工。管线建成后产权归各管线建设单位自有，各管线产权单位如需维修或更新管线，需向城市市政主管部门提出申请并承担产生的相应费用。综合管廊的模式的产生势必将颠覆传统的市政管线管理模式。综合管廊的建设投资主体通常与廊内管线的投资主体不一致，但管廊建设投资主体也可能在管廊建设同时一并进行廊内管线的敷设，在青岛高新区就有这样的例子。管线进入综合管廊敷设，毫无疑问相比传统直埋方式产生的投资将会减少，管廊建设的成本如何由管廊投资方和管线建设单位分摊，管线进廊后如何维护管理，管廊和管线产生的日常维护管理费用在不同产权单位间如何分摊等,这些都是综合管廊模式不可避免要面临的实际问题。这些问题目前都没有体制上的明确规定,也没有行政依据可供参照,各地根据自身的实际情况采取的方式也不一样,因此,给综合管廊的协调管理带来了很多困难。这是目前综合管廊在运营管理中面临的主要问题。

6.4 综合管廊可持续发展建议

6.4.1 强调规划先行

要改变以往城市建设"重建设、轻管理"的局面,按照"先规划、后建设"的原则,在地下管线普查的基础上,统筹各类管线实际发展需要,强调规划先行,加强地下空间的规划控制和引领作用。

(1)加强地下空间总控。遵照"0~60m"地下空间的总控要求,统筹考虑人防空间、地铁、地下隧道、综合管廊、地下车行系统、地下车库、地下商业街等各类城市地下设施的建设,满足各类城市地下空间开发活动的需求,并做好适当的规划预留。

(2)结合需求,因地制宜,规划好综合管廊总布局。根据城市发展的多样性,做好以下几方面的管廊布局:一是结合城市新区、各类园区、开发区建设开展地下综合管廊;二是结合老旧城区改造、道路改造,统筹安排地下综合管廊;三是结合轨道交通和地下综合体开发,同步建设地下综合管廊;四是结合既有地面城市电网、通信网络等架空线入地工程,同步建设地下综合管廊。

(3)做好规划衔接。目前地下综合管廊建设全面展开,有些建设已超前于规划。对于新建区域要加强综合管廊专项规划的制定,对于已建成区规划要及时跟进,与现有管线实际情况及规划结合,调整制定综合管廊专项规划。避免出现综合管廊建设与其他规划衔接不上,与既有线衔接不上,与管理政策衔接不上,建设完成了而运行不起来等问题。

6.4.2 落实"百年工程"标准

城市综合管廊工程是"百年大计",设计规模、工程质量和效益等要体现国际化水平,综合考虑100年的工程标准。

(1)百年规模。要根据管廊总体布局、入廊管线需求、各自分仓及断面尺寸、结构标准等进行充分论证,综合考虑城市发展远景,预留和控制扩容空间,确保

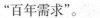

"百年需求"。

（2）百年质量及效益。地下综合管廊工程结构设计使用年限为 100 年，建设时应根据 100 年的设计使用年限和环境类别进行耐久性设计，按照城市生命线工程抗震减灾的要求进行抗震设计，按照全生命周期的思路优化费用，减少运营期的维护费用。

6.4.3　加强技术创新研究

BIM 技术、预制装配式施工技术、盾构施工技术、基于 GIS 的信息化平台技术、绿色节能技术和标准化体系建设在综合管廊的推广应用，将大幅提高综合管廊的设计、施工、运营维护的质量和效率。

（1）加强标准化建设。标准化有利于稳定和提高设计、产品、施工和运营管理的质量，是实现科学管理、提高管理效率的基础。综合管廊标准化包括设计、产品和施工的标准化，其中设计标准化可从总体设计、结构工程、专业管线、附属设施四个方面开展。

（2）发挥 BIM 技术的优势。BIM 技术是通过三维立体展示方式，在设计、施工及运营管理全过程中全方位模拟地下综合管廊，并通过方案模拟、深化设计、施工和运营维护的质量和效率，从而实现经济和工期效益。

（3）加快智慧管廊技术研究和应用。以地理信息系统为基础，将监控和报警各个分离的子系统有机地集成在一个相互关联、统一和协调的系统之中，以形成具有信息汇集、资源共享及优化管理等综合功能的系统，实现信息及时交换、共建共享、动态更新。与数字化城市管理系统和智慧城市相融合的管廊统一管理平台，实现信息汇集、资源共享、安全监控、应急决策的智能化自动化等综合功能。

（4）推广预制拼装管廊的应用。预制拼装结构综合管廊是将管廊结构拆分为若干预制管片，运至现场拼装，通过特殊的拼缝接头构造，使管廊形成整体，达到结构强度和防水性能等要求。预制的综合管廊能够有效控制质量，不受季节及气候的影响，具有施工效率高、工期短、对周边环境影响小的优点，弥补了传统现浇施工方式的不足。

（5）加强盾构管廊技术的研究和应用。盾构施工可有效解决旧城区、开挖施工难度大、地下管线多、道路交通繁忙等路段综合管廊建设难的问题，尤其适合与地铁同步的综合管廊建设。要加强相关研究，确保盾构管廊技术在管廊建设中应用的安全可行性。

（6）加强低碳节能技术的研究和应用。加强低碳节能技术在综合管廊中的应用，如采用改善管廊运行环境的采光防盗吊装盖板装置、可垂直开启的采光逃生装置、无管网非储压自动灭火技术、消声节能通风装置等。

（7）加强雨污水管重力管道、燃气管道进廊技术研究。应因地制宜，重点分析论证这些管线入廊的可靠性、廊内设置形式、设计和验收标准、防灾安全措施以及运行维护的方法等，考虑工程投资与运行管理的问题，研究排水管倒虹吸技术在管廊中的适用性，以减少重力管道深度对造价的影响。研究燃气管道维护更换时对管廊设计及管理的要求等。

6.4.4 注重多层次协同

综合管廊是城市有机整体的一部分，为确保可持续发展，应在投融资、建设和管理上做好衔接和协同。

（1）投融资协同。为适应我国规模快速增长的综合管廊建设形势，投融资模式应协同发展，鼓励社会资本参与，并发挥开发性金融作用，支持管廊建设运营企业通过发行债券、票据等融资，推动综合管廊投资建设运行管理有序健康发展。政府鼓励用 PPP 模式推动综合管廊建设，要关注 PPP 公司运行中社会责任和经济效益的平衡，专注其可持续运营能力，预防 PPP 公司多次转卖损害公众利益，做好 PPP 与 BOT 等模式的衔接等。

（2）建设协同。海绵城市、智慧城市和综合管廊是当前城市化建设的核心内容，三者在设施布局、功能需求实现上有交集，应有机融合、统筹考虑、协同建设。比如，管廊建设时融合海绵城市需求，可考虑利用管廊上方覆土层建设雨水调蓄池或利用管廊本体设置雨水舱；也可融合智慧城市建设要求，在建设综合管廊控制中心时，在管线管理平台预留与智慧城市管理平台的接口等。

（3）管理协同。管廊建设相对容易，而能运行维护好并不容易。从原有专业公司分别维护管理自成体系，有着独立的运行模式和技术管理标准，现在改变为各种专业需要在同一空间运行管理，势必会形成一些交叉和矛盾，因此，应重新审视并调整过去的标准体系，应明确综合管廊的这一公共产品定位，公共管理和专业管理相结合，建立完善综合管廊的配套法规体系和管理分工及规定，制定切实可行的强制入廊政策和政府补贴收费机制，依法依规开展综合管廊的建设、运营、管理。还要特别关注 PPP 公司的运行与政府及公众利益的关系等问题。

6.4.5 强化安全意识

综合管廊存在火灾和次生灾害的隐患，为确保运营维护人员、管线及管廊的安全，应从工程建设和运行管理上双管齐下，建设"安全"管廊。

（1）强化工程安全措施。除配套建设监控报警、逃生、通风和消防等附属系统外，应满足各入廊管线的专业规范要求。以天然气管道入廊为例：应采取天然气管线单独成舱、设置气体监测及报警系统、管材管件设计压力等级提高一级、设置廊外管道自动关断阀等安全措施，可大大加强燃气舱的运行安全可靠度。

（2）强化管理安全措施。除加强监控报警和应急预案外，高压电力、热力等危险舱可引入智能机器人巡查、实时监测等技术，减少运营维护人员入廊频次，降低人员安全风险。

（3）探索引入第三方安全评估机构。可引入第三方专业安全评估检测机构，定期对管廊进行诊断检测，确保安全检测的权威性和准确性，及时发现安全隐患，避免安全风险。

参考文献

[1] 郑立宁，王建，罗春燕等. 城市综合管廊运营管理系统构建 [J]. 建筑经济，2016，37（10）：92-98.

[2] 田强，王建，郑立宁等. 城市地下综合管廊智能化运营管理技术研究 [J]. 技术与市场，2015，22（12）：27-28.

[3] 高峰，王幸来，程雄辉. BIM 技术在城市地下综合管廊中的应用 [J]. 江苏建筑，2017，181（1）：72-76.

[4] 姚永凯，邢警伟，同朴超. 综合管廊智能监控系统设计 [J]. 建筑设计，2015，16（5）：56-57.

[5] 童丽闺，杨浩. 城市地下综合管廊信息化建设探讨 [J]. 信息技术，2017，36（2）：36-37

[6] 于笑飞. 青岛高新区综合管廊维护运营管理模式研究 [D]. 青岛：中国海洋大学，2013.